Durch bahnbrechende wissenschaftliche Versuche wurde inzwischen bewiesen, was Außenseiter unter den Pflanzenforschern schon vor Jahrhunderten zu behaupten wagten: Pflanzen reagieren wie Menschen! Sie haben Gefühle und Erinnerungsvermögen, nehmen optische und akustische Eindrücke wahr und unterscheiden zwischen Harmonie und Dissonanzen. Die Entdeckung der Pflanzen als beseelte Lebewesen und ihrer physischen und emotionalen Beziehungen zum Menschen eröffnet atemberaubende Perspektiven für unser gesamtes Naturverständnis. Was wir über die »Blumensprache« wissen, wie ihre Bio-Signale zu verstehen sind und wie all diese revolutionierenden Erkenntnisse sich praktisch nutzen lassen, lesen Sie alles in diesem Klassiker von Peter Tompkins und Christopher Bird.

Peter Tompkins, 1919 in Athens, Georgia, geboren, wuchs in Europa auf und studierte an verschiedenen Universitäten. Von 1939 bis 1941 arbeitete er als Kriegsberichterstatter in Europa und Afrika für Rundfunkanstalten und Zeitungen. 1942 wurde er für das Büro für Psychologische Kriegsführung und den Strategischen Dienst tätig. Er veröffentlichte zahlreiche Bücher. Peter Tompkins starb 2007.

Christopher Bird, 1918 in Boston geboren, studierte Biologie sowie Philosophie und Geschichte der russischen, chinesischen, japanischen und ostasiatischen Völker. Er war während des Zweiten Weltkriegs im Geheimdienst und gleichzeitig als Zeitungsrezensent tätig, später Jugoslawien-Korrespondent für »Time« und arbeitete danach bis zu seinem Tod 1996 als selbständiger Forscher und Schriftsteller.

Weitere Informationen finden Sie auf www.fischerverlage.de

Peter Tompkins
Christopher Bird

DAS GEHEIME LEBEN DER PFLANZEN

DER KLASSIKER

Aus dem Amerikanischen
von Eva und Matthias Güldenstein

FISCHER Taschenbuch

Kontaktadresse nach EU-Produktsicherheitsverordnung:
produktsicherheit@fischerverlage.de

2. Auflage

Hedderichstr. 114, 60596 Frankfurt am Main
Die amerikanische Originalausgabe erschien unter dem Titel:
»The Secret Life of Plants« im Verlag Harper Row, New York

Printed in Germany
ISBN 978-3-596-70256-5

Inhalt

Einführung

Von Aphrodite einmal abgesehen: Gibt es auf unserem Planeten etwas Lieblicheres als Blumen, etwas Notwendigeres als Pflanzen? Der grüne Teppich, in den sich Mutter Erde hüllt, ist der eigentliche Nährboden menschlichen Lebens. Ohne grüne Pflanzen könnten wir weder atmen noch essen. Auf der Unterseite jedes einzelnen Blattes öffnen und schließen sich eine Million Lippen, nehmen Kohlendioxid auf und geben Sauerstoff ab. Vierzig Millionen Quadratkilometer Blattoberfläche sind Tag für Tag damit beschäftigt, das Wunder der Photosynthese zu vollbringen, um Mensch und Tier Sauerstoff und Nahrung zu verschaffen.

Von den 375 Milliarden Tonnen Lebensmitteln, die wir jedes Jahr konsumieren, stammt der größte Teil von Pflanzen. Einen kleinen Prozentsatz liefern Tiere, die sich aber ihrerseits wieder von Pflanzen ernähren. All die Speisen, Getränke, Genussmittel und Medikamente, die den Menschen am Leben und – richtig verwendet – bei bester Gesundheit erhalten, werden uns durch die Zuckerproduktion der Photosynthese zuteil. Aus dem Zucker entstehen Stärke, Fette, Öle, Wachs und Zellulose. Von der Wiege bis zur Bahre ist der Mensch von der Zellulose abhängig; sie bildet den Grundstoff für das Dach über seinem Kopf, für seine Kleidung, seine Brennstoffe, die Werkstoffe zum Flechten, Weben, Spinnen und Nähen, für Musikinstrumente und für das Papier, auf das er seine mehr oder weniger tief schürfenden Gedanken kritzelt. Die überfülle der für den Menschen nützlichen Pflanzen lässt sich an den fast sechshundert Seiten ablesen, die J. C. Uphofs *Dictionary of Economic Plants* (»Lexikon der Nutzpflanzen«) umfasst. Der

Anbau von Pflanzen ist – darüber sind sich die Fachleute einig – die Grundlage für den Reichtum eines Landes.

Der Mensch fühlt, dass von Pflanzen ein »gewisses Etwas« ausgeht, das ihn innerlich befriedigt und beglückt. Zu Geburt, Hochzeit und Tod gehören Blumen ebenso wie zu festlichen Mahlzeiten und Feiern. Wir überreichen Blumen als Zeichen der Liebe, Freundschaft oder Verehrung und als Dank für Gastfreundschaft. Wir umgeben unsere Häuser mit Gärten, legen in unseren Städten Parks an und stellen bestimmte Gebiete unter Naturschutz. Eine Topfpflanze oder frische Schnittblumen in einer Vase machen jedes Zimmer wohnlicher.

Aristoteles lehrte, dass die Pflanzen zwar eine Seele, aber keine Empfindung hätten. Seine Ansicht hielt sich durch das ganze Mittelalter bis ins 18. Jahrhundert hinein, als Carl von Linné, der Großvater der modernen Botanik, behauptete, Pflanzen unterschieden sich von Tier und Mensch lediglich durch ihre Bewegungsunfähigkeit. Diese Lehre wurde von dem großen Naturforscher des 19. Jahrhunderts, Charles Darwin, widerlegt. Er bewies, dass jeder Spross die Fähigkeit zu selbständiger Bewegung besitzt. Pflanzen »verwenden und zeigen diese Fähigkeit aber nur, wenn ihnen das zu einem Vorteil gereicht«, meinte Darwin.

Zu Beginn des 20. Jahrhunderts schockierte der Wiener Biologe und Schriftsteller Raoul Francé die Naturwissenschaftler seiner Zeit, indem er erklärte, Pflanzen würden sich ebenso frei, leicht und graziös bewegen wie die geschicktesten Menschen oder Tiere, und wir würden das nur deshalb nicht bemerken, weil Pflanzen sich sosehr viel langsamer bewegten als Mensch und Tier.

Die Wurzeln der Pflanzen, sagte Francé, graben sich forschend durch das Erdreich, Knospen und Zweige schwingen in vollendeten Kreisen, Blätter und Blüten beugen und schütteln sich abwechselnd, die Ranken drehen sich suchend und strecken ihre Geisterarme aus, um ihre Umgebung abzutasten. Wir halten sie nur deshalb für bewegungs- und gefühllos, weil wir uns nicht die Zeit nehmen, sie zu beobachten.

Poeten und Philosophen wie Goethe und Rudolf Steiner, die sich die Mühe nahmen, Pflanzen zu beobachten, entdeckten, dass sie in entgegengesetzte Richtungen wachsen, teils in den Boden, wie von der Schwerkraft angezogen, teils in die Luft, als würden sie von einer Art »Leichtkraft« oder Gegenschwerkraft emporgezogen.

Wurmartige Würzelchen, in denen Darwin fast so etwas wie ein primitives Gehirn sah, graben ihre dünnen weißen Fäden unablässig in die Tiefe, verweben und verankern sich kräftig im Boden und entziehen ihm dabei Wasser und Nährstoffe. Die Schwerkraft teilt sich den Wachstumszonen der Wurzelspitzen durch leicht bewegliche Stärkekörner in den Zellen der Wurzelhaube mit.

Wenn die Erde trocken ist, suchen sich die Wurzeln feuchteren Boden. Sie finden ihren Weg in vergrabene Wasserrohre oder strecken sich, wie im Falle der violetten Luzerne *(Medicago sativa)*, zwölf Meter tief und entwickeln eine derartige Kraft, dass sie sogar Beton durchbohren können.

Bisher hat noch niemand die Wurzeln eines Baumes gezählt. Aber die Untersuchung einer einzelnen Roggenpflanze hat eine Summe von über 13 Millionen Würzelchen ergeben – mit einer Gesamtlänge von 600 Kilometern. An jedem Würzelchen dieser Roggenpflanze wachsen feine Wurzelhärchen – schätzungsweise etwa 14 Milliarden –, was aneinandergereiht einer Länge von ungefähr 10 600 Kilometern entsprechen würde, also etwa der Entfernung von Pol zu Pol.

Weil die besonders zum Bohren dienenden Zellen der Wurzelspitzen durch die ständige Reibung im steinigen Erdreich bald zerstört sind, werden sie schnellstens durch neue ersetzt. Erreichen sie aber irgendeine Nahrungsquelle, sterben sie ab, und es wachsen dafür Zellen nach, die dazu bestimmt sind, Mineralsalze aufzulösen und die so entstandenen Lösungen aufzunehmen. Diese Grundnahrung wird von Zelle zu Zelle durch die Pflanze nach oben weitergeleitet. Jede Zelle ist eine Einheit von Protoplasma – eine mehr oder weniger dünnflüssige Masse, die als Grundsubstanz des physischen Lebens gilt.

Die Wurzel pumpt das Wasser und die durch dieses »Universallösungsmittel« gelösten Stoffe in die Blätter, auf denen die Feuchtigkeit verdunstet und wieder zur Erde zurückfällt, um von neuem als Mittler in diesen Lebenskreislauf einzutreten. Die Blätter einer gewöhnlichen Sonnenblume verdunsten am Tag bis zu einem Liter Wasser und eine einzige Birke mit etwa 200 000 Blättern kann pro Tag bis zu siebzig Liter Wasser aufnehmen und durch Verdunstung an der Blattoberfläche als kühlende Feuchtigkeit wieder abgeben.

Jede Pflanze bewegt sich, sagte Francé, denn jedes Wachstum bedeutet Bewegung. Die Pflanzen sind dauernd damit beschäftigt, sich zu beugen, zu drehen und zu schütteln. Er beschrieb, wie sich an einem Sommertag Tausende polypenartiger Arme an einer friedlichen Laube emporranken, um für ihre schweren, rasch wachsenden Stängel einen Halt zu finden. Sobald die Ranke, die in siebenundsechzig Minuten eine volle Kreisbewegung ausführt, irgendeinen Stützpunkt gefunden hat, schlingt sie sich innerhalb von zwanzig Sekunden um das betreffende Objekt. Schon nach einer Stunde »sitzt« sie so fest, dass es schwierig ist, sie wieder abzulösen. Dann beginnt sie, sich korkenzieherartig emporzuwinden und zieht so den Hauptstängel zu sich hoch.

Eine Kletterpflanze, die eine Stange braucht, bewegt sich auf die nächstbeste Stütze zu. Versetzt man diese Stütze, so ändert die Pflanze ihre Richtung innerhalb weniger Stunden dementsprechend. Kann sie den Pfahl »sehen«, oder ihn auf eine andere, noch unbekannte Weise wahrnehmen? Denn selbst wenn sie ihn – durch bestimmte Abschirmungen daran gehindert – nicht »sehen« kann, wächst sie unbeirrt auf die verborgene Stütze zu und meidet die Richtungen, in denen sie auf keinerlei Halt treffen würde.

Pflanzen sind fähig, meinte Francé, *Absichten* zu haben: Sie können sich nach etwas ausstrecken, sich ihren Weg und ihr Ziel selber aussuchen.

Der Sonnentau packt die Fliege mit unfehlbarer Genauigkeit, indem er seine Fangarme in Richtung Beute bewegt. Einige parasitäre Pflanzen »wittern« selbst die leiseste Spur des Geruchs ihrer Wirtspflanze und überwinden alle Hindernisse, um zu ihrem Opfer zu gelangen.

Pflanzen scheinen zu wissen, welche Ameisen ihnen ihren Nektar stehlen wollen. Sie schließen ihre Blüten, wenn diese Tiere in der Nähe sind, und öffnen sie nur, wenn auf ihren Stängeln genügend Tau liegt, um die Ameisen am Hinaufklettern zu hindern. Ein mexikanischer Strauch, *Acacia cornigera*, bietet in hohlen Stacheln bestimmten Ameisen Unterschlupf und Nahrung – vielleicht als Gegenleistung für einen gewissen Schutz vor anderem Getier.

Ist es Zufall, dass manche Pflanzen so wachsen, dass sie den Insekten, von denen sie bestäubt werden, »gefallen«? Sie locken diese Insekten durch besondere Farben und Düfte, belohnen sie mit ihrem begehrten Nektar und haben eine außerordentliche Technik und Mechanik des Blütenbaus entwickelt, so dass sie eine Biene in einem Kanal festhalten können, und sie erst wieder durch eine Falltüre entlassen, wenn die Bestäubung vollzogen ist.

Ist es wirklich nur ein glückliches Zusammentreffen, dass zum Beispiel die Orchidee *Trichoceros parviflorus* mit ihren Blütenblättern das Weibchen einer bestimmten Fliegenart so täuschend nachahmt, dass das Männchen versucht, mit der Blüte zu kopulieren und sie dabei bestäubt? Ist es bloßer Zufall, dass Nachtblüher weiße Blüten haben und dadurch Schwärmer und andere Nachtfalter anlocken, dass sie in der Dämmerung stärker duften, dass eine Stechwindenart, *Smilax herbacea*, die in Gegenden wächst, wo es ungewöhnlich viele Fliegen gibt, nach faulendem Fleisch stinkt, während Blumen, die sich auf Windbestäubung eingerichtet haben, keine Anstrengung darauf verschwenden, schön, duftend oder anziehend auf Insekten zu wirken, sondern ziemlich unauffällig bleiben?

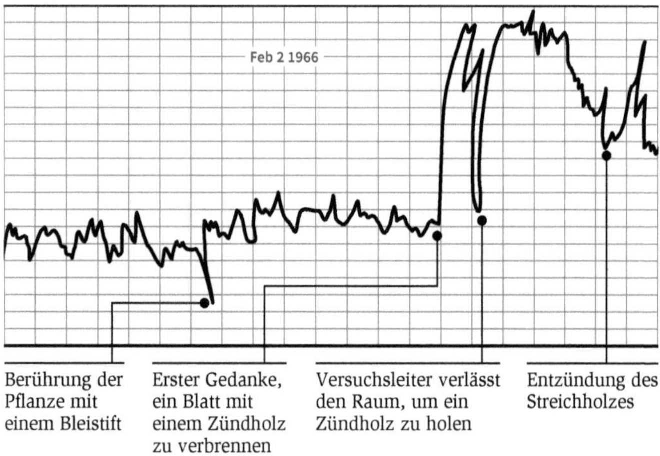

Um sich zu schützen, haben die Pflanzen Dornen oder einen bitteren Geschmack, oder sie scheiden klebrige Sekrete aus, die unerwünschte Insekten festhalten und töten. Die ängstliche *Mimosa pudica* besitzt einen Mechanismus, der sofort reagiert, wenn ein Käfer, eine Ameise oder eine Raupe zu ihren zarten Blättern hinaufkriechen will: Sobald der Eindringling einen Blattstiel berührt, sinkt dieser plötzlich herab, die Blätter falten sich zusammen, und der Angreifer wird entweder von der unerwarteten Bewegung aus dem Gleichgewicht gebracht und fällt vom Stängel, oder er zieht sich fluchtartig zurück.

Einige Pflanzen, die an ihren sumpfigen Standorten zu wenig Stickstoff finden, verschaffen ihn sich, indem sie Lebewesen verspeisen. Es gibt über fünfhundert verschiedene Fleisch fressende Pflanzen, die – wenn sie es kriegen – jede Art Fleisch vom Insekt bis zum Rindsfilet konsumieren. Um ihre Beute zu erwischen, wenden sie unendlich listenreiche Methoden an: Tentakeln mit klebrigen Ausscheidungen, tellereisen- und trichterförmige Fallen etc. Die Tentakeln der Fleisch fressenden Pflanzen sind gleichzeitig Mäuler und Mägen auf Stängeln, die ihre Beute packen, fressen und vollständig verdauen, so dass nur noch das Skelett, der Chitinpanzer, übrig bleibt.

Der Insekten fressende Sonnentau *(Drosera)* reagiert nicht weiter auf Steinchen, Metallstücken oder andere Fremdkörper, die man auf seine Fangblätter legt, merkt aber rasch, dass ein Stückchen Fleisch etwas Essbares ist. Darwin fand andererseits heraus, dass man den Sonnentau schon mit einem Fadenstückchen von weniger als einem Millionstel Gramm Gewicht reizen kann. Eine Ranke, die nach den Würzelchen das empfindlichste Organ einer Pflanze darstellt, krümmt sich schon, wenn ein Stück Seidenfaden von nur 0,00025 Gramm über sie gelegt wird.

Raffiniertheit und Einfallsreichtum der pflanzlichen Konstruktionsformen übersteigen bei weitem die Phantasie unserer Ingenieure. Bauten von Menschenhand erreichen niemals die Biegsamkeit und Zähigkeit der langen Rohre, die es den Bäumen möglich machen, den fürchterlichen Stürmen zu trotzen. Pflanzenzellen wachsen zu langen Würsten oder flachen Bändern, die so fest zusammenhalten, dass sie beinahe unzerreißbare Schnüre bilden. Das Dickenwachstum der Bäume nimmt mathematisch genau im richtigen Verhältnis zur Höhe und zum Gewicht des Baumes zu.

Der australische Riesen-Eukalyptus kann seine Krone auf einem schlanken Stamm bis zu hundertfünfzig Meter über den Boden erheben – höher als die Cheopspyramide. Einige Walnussgewächse tragen bis zu hunderttausend Nüsse. Der Virginia-Knöterich *(Polygonum Virginiana)* schlingt seine Früchte zu Seemannsknoten, die während des Trocknens einer solchen Spannung unterworfen werden, dass sie beim Aufschnappen die Samen möglichst weit von der Mutterpflanze wegschleudern, wo sie dann herabfallen und keimen.

Pflanzen haben sogar einen Sinn für Himmelsrichtungen und für zukünftige Ereignisse. Grenzwächter und Jäger entdeckten in den Prärien des Mississippi-Tales die Kompasspflanze *(Silphium lacinatum)*, deren Blätter genau in die vier Himmelsrichtungen zeigen. *Arbus precatorius*, eine indische Krautpflanze, ist derart empfindlich gegenüber allen elektrischen und magnetischen Einflüssen, dass sie als Wetterpflanze verwendet wird. Botaniker, die als Erste mit ihr im Londoner Botanischen Garten »Kew Gardens« experimentierten, fanden, dass sie ein guter »Wetterprophet« für Zyklonen, Hurrikans, Tornados, Erdbeben und Vulkanausbrüche ist.

Alpenblumen sind so auf die Jahreszeiten »programmiert«, dass sie genau wissen, wann der Frühling kommt, und sich ihren Weg durch die Altschneeflecken bahnen. Dabei entwickeln sie Eigenwärme, mit deren Hilfe sie den Schnee wegschmelzen.

Pflanzen, die so sicher, so verschiedenartig und so unmittelbar auf ihre Umwelt reagieren, müssen, so meinte Francé, irgendein Verbindungsorgan zu dieser Umwelt haben, irgendetwas, das unseren Sinnen vergleichbar oder gar überlegen ist. Francé betonte, dass Pflanzen dauernd Ereignisse und Erscheinungen beobachten und aufzeichnen, von denen der Mensch keine blasse Ahnung hat.

Während man Pflanzen gemeinhin als gefühllose Automaten betrachtet, hat man nun herausgefunden, dass sie fähig sind, Töne zu unterscheiden, die das Menschenohr nicht hören kann, und Wellenlängen farbigen Lichts, wie Infrarot und Ultraviolett, wahrzunehmen, die für das Menschenauge unsichtbar sind. Besonders empfindlich reagieren sie auf Röntgenstrahlen und die Hochfrequenzstrahlung des Fernsehens.

Das ganze Pflanzenreich, sagte Francé, lebt in Abhängigkeit von den Bewegungen der Erde, des Mondes und der Planeten unseres Sonnensystems, und eines Tages wird man nachweisen können, dass es auch von den Sternen und anderen kosmischen Körpern beeinflusst wird.

Da die äußere Gestalt einer Pflanze nach jeder teilweisen Verstümmelung wiederhergestellt wird, nahm Francé an, dass irgendeine bewusste Wesenheit die ganze Pflanze überwacht, eine Intelligenz sie führt – sei es von außen oder von innen her.

Schon vor über einem halben Jahrhundert hätte Francé, nach dessen Vorstellung Pflanzen alle Eigenschaften von Lebewesen besitzen, und auch »äußerst heftige Reaktionen bei Misshandlung und Dankbarkeit für Wohltaten« äußern, ein *Geheimes Leben der Pflanzen* schreiben können, aber was von ihm schon im Druck erschienen war, wurde entweder von der etablierten Wissenschaft nicht beachtet oder als Aberglaube abgetan. Am meisten schockierte die wissenschaftliche Welt seine Theorie, dass die Bewusstheit der Pflanzen ihren Ursprung in einer feinstofflichen Welt kosmischer Wesen haben könnte, die schon lange vor Christi Geburt von Hindu-Weisen als *devas* bezeichnet wurden, und die von hellsichtigen Kelten und anderen Sensitiven der frühen Zeit in Form von Feen, Elfen, Gnomen, Sylphen und ähnlichen Kreaturen unmittelbar gesehen und erlebt wurden. Seine Idee wurde von den Fachleuten als kindisch bzw. hoffnungslos romantisch betrachtet.

Es hat der Aufsehen erregenden Entdeckungen mehrerer Wissenschaftler in den sechziger Jahren dieses Jahrhunderts bedurft, um die Pflanzenwelt plötzlich wieder in den Blickpunkt weltweiter Aufmerksamkeit zu rücken. Beweismittel stützen nun das poetische und philosophische Bild von den Pflanzen als lebenden, atmenden, agierenden und reagierenden Lebewesen.

1

Die sinnlichen Wahrnehmungen der Pflanzen

Eine seltsame Szene wie aus *Alice im Wunderland* spiegelte sich in dem verstaubten Bürofenster des Geschäftshauses am New Yorker *Times Square.* Allerdings sah man kein weißes Kaninchen mit rosa Augen und einer Uhr in der Westentasche, sondern einen Mann namens Backster mit einem Galvanometer und einer Zimmerpflanze namens *Dracaena massangeana.* Das Galvanometer befand sich dort, weil Cleve Backster Amerikas führender Lügendetektor-Experte war, die *Dracaena*-Pflanze, weil Backsters Sekretärin fand, in das kahle Büro gehöre unbedingt »etwas Grünes«, und Backster, weil er in den sechziger Jahren einen schicksalhaften Schritt getan hatte, der sein Leben von Grund auf veränderte.

Backsters »Pflanzentick« machte Schlagzeilen in der Weltpresse und wurde nach allen Regeln der Kunst verulkt, aber er hat für die Wissenschaft eine Büchse der Pandora geöffnet, die wohl kaum wieder geschlossen werden kann. Backsters Entdeckung, dass Pflanzen »Gefühle« zeigen, rief rund um den Erdball heftige und verschiedenartigste Reaktionen hervor. Und dies ungeachtet der Tatsache, dass Backster nie behauptete, etwas Neues entdeckt zu haben, sondern lediglich etwas längst Bekanntes, das jedoch in Vergessenheit geraten war. Klugerweise vermied er alle Publizität und konzentrierte sich darauf, wissenschaftlich zu fundieren, was später als der »Backster-Effekt« bekannt werden sollte.

Sein Abenteuer begann 1966. Backster hatte die ganze Nacht in seiner Schule für Polygraph-Experten gearbeitet. Er unterrichtete dort Polizei- und Sicherheitsbeamte aus aller Welt im fachgerechten Gebrauch von Lügendetektoren. Plötzlich hatte er eine Idee:

Er befestigte die Elektroden eines seiner Lügendetektoren an einem Blatt seiner *Dracaena*. Die *Dracaena*, der Drachenbaum, ist eine tropische Pflanze, die etwas einer Palme ähnelt, mit großen, schwertförmigen Blättern und dichten Rispen kleiner Blüten. Backster war neugierig, ob das Blatt reagieren würde, wenn er die Pflanze begoss, und wenn ja, wie und wie schnell.

Als die Pflanze durstig das Wasser durch ihre Wurzeln und ihren Stamm emporsog, registrierte das Galvanometer – zu Backsters Überraschung – keineswegs einen kleineren elektrischen Widerstand, wie man das aufgrund der besseren Leitfähigkeit der feuchten Pflanze erwartet hätte. Anstelle einer ansteigenden Kurve zeigte das Diagramm eine reich ausgezackte Abwärtslinie.

Das Galvanometer ist derjenige Teil eines Polygraphen, der die Änderungen der Körperleitfähigkeit misst. Es wird mit dem Körper durch Kabel verbunden, die mit einem schwachen Strom beschickt werden. Starke Emotionen oder intensive Vorstellungen haben eine Änderung des elektrischen Widerstandes zur Folge und veranlassen dadurch einen Ausschlag der Nadel oder der Feder auf der laufenden Papierrolle. Das Galvanometer wurde gegen Ende des 18. Jahrhunderts von dem Jesuitenpater Maximilian Hell, einem Hofastronomen der Kaiserin Maria Theresia, erfunden, jedoch nach dem italienischen Physiker und Physiologen Luigi Galvani (1737–1798) benannt, der die »animalische Elektrizität« entdeckt hat. Das Galvanometer wird heute in Verbindung mit einer elektrischen Schaltung verwendet, die man »Wheatstonesche Brücke« nennt – zu Ehren des englischen Physikers und Erfinders des automatischen Nadeltelegraphen, Sir Charles Wheatstone (1802–1875).

Einfach ausgedrückt werden durch die »Brücke« Widerstände so ausbalanciert, dass Schwankungen des elektrischen Potentials gemessen werden können. Bei der üblichen polizeilichen Verwendung werden einem Verdächtigen, der an den Polygraphen angeschlossen ist, sorgfältig vorbereitete Fragen in einer bestimmten

Reihenfolge gestellt. Die Experten achten dann darauf, welche Fragen eine Reaktion hervorrufen und damit einen Nadel-Ausschlag bewirken. Alte Hasen wie Backster behaupten, sie könnten an der aufgezeichneten Kurve ablesen, wo der Verdächtige versucht, seine Examinatoren zu täuschen.

Backsters Drachenbaum zeigte zu seinem Erstaunen eine Reaktion, die derjenigen eines Menschen ähnelte, der kurzzeitig erregt ist. War es möglich, dass die Pflanze Gefühle hatte?

Was Backster in den nächsten Minuten erlebte, sollte sein ganzes Leben verändern.

Die Erfolg versprechendste Methode, bei einem Menschen eine Reaktion auszulösen, die stark genug ist, einen Galvanometer-Ausschlag zu verursachen, besteht darin, ihn zu bedrohen. Genau das wollte Backster mit der Pflanze tun: Er tunkte ein Blatt des Drachenbaums in die Tasse mit heißem Kaffee, die er zu jeder Tages- und Nachtzeit neben sich stehen hatte. Das Messinstrument zeigte keinen nennenswerten Ausschlag. Backster überlegte ein paar Minuten, dann dachte er: Ich will das Blatt, an dem die Elektroden angebracht sind, versengen. In demselben Augenblick, in dem er daran *dachte*, und noch bevor er nach einem Streichholz greifen konnte, änderte sich das Diagramm in dramatischer Weise: Die Feder beschrieb eine lang gezogene Kurve nach oben. Backster hatte sich nicht bewegt, weder in Richtung Pflanze noch in Richtung Polygraph. Sollte die Pflanze etwa seine Gedanken gelesen haben?

Backster verließ den Raum, und als er mit Streichhölzern zurückkehrte, zeigte sich, dass der Apparat einen weiteren plötzlichen Ausschlag registriert hatte – offenbar ausgelöst durch seinen Entschluss, die Drohung wahr zu machen. Zögernd begann er, das Blatt zu versengen. Diesmal erfolgte ein schwächerer Ausschlag. Als er dann etwas später nur so tat, als wollte er noch ein Blatt anbrennen, zeigte sich überhaupt keine Reaktion. Die Pflanze schien unterscheiden zu können zwischen einem echten und einem fingierten Vorhaben. (Siehe Graphik Seite 12.)

Backster wäre am liebsten auf die Straße gelaufen, um es in alle Welt hinauszurufen: »Pflanzen können denken!« Stattdessen vertiefte er sich in eine peinlichst genaue Untersuchung dieses Phänomens, um festzustellen, wie die Pflanze auf seine Gedanken reagierte und wie die Übertragung zustande kam.

Als Erstes wollte er sich davon überzeugen, ob es wirklich keine »natürliche« Erklärung für das Geschehene gab. War irgendetwas Besonderes mit der Pflanze los – oder mit ihm oder mit diesem Polygraphen?

Nachdem Backster und seine Mitarbeiter mit anderen Pflanzen und Instrumenten an anderen Orten die Probe aufs Exempel gemacht hatten und immer wieder vor den gleichen Ergebnissen standen, hielten sie es für richtig, die Sache weiterzuverfolgen. Über fünfundzwanzig verschiedene Pflanzenarten und Früchte wurden getestet, darunter auch Lattich, Zwiebeln, Orangen und Bananen. Die Beobachtungsdaten, die einander alle ähnelten, ergaben ein völlig neues Bild von »Leben« und lieferten einigen explosiven Diskussionsstoff für die Wissenschaft. Bis dahin war die Auseinandersetzung zwischen Naturwissenschaftlern und Parapsychologen über die Existenz der ASW, der außersinnlichen Wahrnehmung, vor allem deswegen recht heftig gewesen, weil es so schwierig ist, mit letzter Sicherheit festzustellen, wann man es tatsächlich mit einem solchen Phänomen zu tun hat. Prof. Dr. J. B. Rhine, der an der Duke-Universität in Durham, North Carolina, seine ASW-Experimente durchführte, gelang es lediglich nachzuweisen, dass seine Versuchspersonen öfter richtig »raten«, als man das »normalerweise« erwarten würde.

Backster betrachtete die Fähigkeit seiner Pflanzen, seine Pläne »wahrzunehmen«, zuerst auch als eine Form von ASW. Dann gefiel ihm der Ausdruck nicht mehr so recht: ASW bedeutet eine Wahrnehmung jenseits der Vermittlung durch die bekannten fünf Sinne – Sehen, Hören, Riechen, Schmecken und Fühlen. Da aber Pflanzen weder Augen, Ohren, Nase oder Mund zu haben scheinen, und ihnen die Botaniker seit der Zeit Darwins nie ein Nervensystem zubilligten, schloss Backster, dass ihr Wahrnehmungssinn einfacher und grundlegender sein müsse.

Dies führte ihn zu der Hypothese, dass die fünf Sinne des Menschen hemmende Faktoren sein könnten, die eine ursprünglichere »Primär-Wahrnehmung« überlagern, die möglicherweise der ganzen Natur gemeinsam ist. »Vielleicht sehen Pflanzen *ohne* Augen besser«, vermutete Backster, als der Mensch *mit* ihnen.«

Um herauszufinden, was seine Pflanzen fühlen oder empfinden können, vergrößerte Backster sein Büro und machte sich daran, ein richtiges wissenschaftliches Laboratorium einzurichten.

Während der nächsten Monate wurden von den verschiedensten Pflanzen Diagramme gesammelt. Das Phänomen schien das gleiche zu bleiben, auch wenn das Blatt von der Pflanze abgetrennt war, ja, sogar wenn man ein Blatt völlig zerfetzte und die Stückchen zwischen den Elektrodenflächen weiter verteilte, zeigte sich immer noch eine Reaktion. Die Pflanzen reagierten nicht nur auf menschliche Drohungen, sondern auch auf andere mögliche Gefahren wie das plötzliche Auftauchen eines Hundes im Zimmer oder einer Person, die ihnen nicht wohlgesinnt war.

Backster konnte einer interessierten Gruppe an der Yale-Universität folgenden Versuch vorführen: Im gleichen Raum wie die an die Geräte angeschlossene Pflanze befand sich eine Spinne. Wenn jemand versuchte, die Spinne festzuhalten, so zeigten die Diagramme der Pflanze dramatische Ausschläge, kurz *bevor* die Spinne wegzulaufen begann. »Es sieht so aus«, sagte Backster, »als ob der Entschluss der Spinne, die Flucht zu ergreifen, von der Pflanze wahrgenommen würde und eine Reaktion im Blatt auslöst.«

Unter normalen Umständen dürften die verschiedenen Pflanzen aufeinander eingestellt sein, meinte Backster. Wenn sie aber mit tierischem Leben konfrontiert werden, neigen sie dazu, weniger darauf zu achten, wie es den anderen Pflanzen geht. »Von anderen Pflanzen erwartet die Pflanze zuletzt Schwierigkeiten. Solange ein Tier in der Nähe ist, scheint sie sich auf dieses zu konzentrieren. Tiere und Menschen bewegen sich und müssen deshalb sorgfältiger überwacht werden.«

Wenn eine Pflanze sich irgendwie bedroht fühlt, reagiert sie, wie Backster beobachtete, mit einer Art Selbstschutz – ähnlich wie das Opposum oder auch der Mensch: Sie stellt sich tot oder fällt in eine tiefe Ohnmacht. Dieses Phänomen wurde eines Tages entdeckt, als ein kanadischer Physiologe in Backsters Laboratorium kam, um die Reaktionen seiner Pflanzen zu beobachten. Die erste Pflanze zeigte überhaupt keine Reaktion. Auch die zweite und dritte reagierten nicht. Backster überprüfte seine Instrumente und versuchte es mit einer vierten und fünften Pflanze, immer noch ohne Erfolg. Endlich, bei der sechsten, ergab sich eine Reaktion, die deutlich genug war, um das Phänomen zu demonstrieren.

Backster wollte unbedingt herausbekommen, was mit den anderen Pflanzen losgewesen sein könnte und fragte deshalb seinen Besucher: »Haben Sie bei Ihrer Arbeit in irgendeiner Weise mit der Zerstörung von Pflanzen zu tun?«

»Ja«, antwortete der Physiologe. »Ich röste sie in einem Ofen, um ihr Trockengewicht zu bestimmen.«

Fünfundvierzig Minuten nachdem der Physiologe weg war, zeigten sich seine Pflanzen wieder höchst mitteilsam.

Diese Erfahrung zeigte Backster, dass Pflanzen von Menschen mit Absicht in einen Ohnmachtszustand versetzt, also »mesmerisiert« werden konnten.

Ein andermal bereitete Backster eine Demonstration vor für einen Mitarbeiter der *Baltimore Sun*. Backster, der zeigen wollte, dass Pflanzen und einzelne Zellen Signale auf dem Weg über ein unbekanntes Kommunikationsmedium aufnehmen können, hängte ein Galvanometer an seinen Philodendron und befragte dann den Journalisten, als ob dieser an den Polygraphen angeschlossen wäre.

Backster wollte herausfinden, in welchem Jahr der Reporter geboren war, und nannte der Reihe nach sieben Jahre von 1925 bis 1931. Der Reporter war instruiert worden, jedes Mal mit einem monotonen »Nein« zu antworten. Nach dem Test las Backster das richtige Jahr vom Diagramm ab: Eine besonders hohe Zacke auf dem Papierstreifen verzeichnete die Reaktion der Pflanze.

Der Psychiater Dr. Aristide H. Esser, Leiter der Forschungsabteilung am Rockland State Hospital in Orangeburg, New York, und sein Mitarbeiter Douglas Dean, Chemiker und Parapsychologe am Newark College of Engineering, wiederholten diesen Versuch. Sie arbeiteten mit einer männlichen Versuchsperson, die ihren eigenen Philodendron mitbrachte. Der Mann hatte die Pflanze aufgezogen und immer rührend für sie gesorgt.

Die beiden Wissenschaftler verbanden den Polygraphen mit der Pflanze und stellten dann ihrem Besitzer eine Reihe von Fragen. Sie hatten ihn angewiesen, einige dieser Fragen falsch zu beantworten. Die Pflanze hatte keinerlei Schwierigkeiten, durch das Galvanometer diejenigen Antworten anzuzeigen, die nicht richtig waren. Dr. Esser, der zuerst über Backsters Behauptung gelacht hatte, gab zu: »Ich muss klein beigeben und alles zurücknehmen.«

Um festzustellen, ob eine Pflanze auch eine Gedächtnisleistung vollbringen könne, wurde folgende Versuchsanordnung erarbeitet: Backster sollte den heimlichen Mörder einer Pflanze aus einer Reihe von sechs »Verdächtigen« herausfinden. Sechs von Backsters Studenten stellten sich für den Versuch zur Verfügung, darunter auch erfahrene Polizisten. Mit verbundenen Augen zogen die Studenten aus einem Hut zusammengefaltete Papierchen. Eines davon enthielt die Anweisung, von zwei Pflanzen in einem Raum eine mit den Wurzeln auszureißen, darauf herumzutrampeln und sie völlig kaputtzumachen. Der Täter hatte sein Verbrechen heimlich zu begehen; weder Backster noch einer der übrigen Studenten durfte seine Identität kennen, so dass nur die andere Pflanze im Raum Zeuge der Tat sein würde.

Backster schloss die überlebende Pflanze an einen Polygraphen an, führte die Studenten, einen nach dem anderen, diesem »Zeugen« vor und konnte so den Schuldigen ermitteln. Tatsächlich reagierte die Pflanze auf fünf der Studenten gar nicht, während sie jedes Mal, wenn der Schuldige sich ihr näherte, das Galvanometer in wilde Bewegung versetzte. Backster war so vorsichtig, darauf hinzuweisen, dass die Pflanze möglicherweise die Schuldgefühle des Täters registrierte und wiedergab; aber da der »Verbrecher« ja im Interesse der Wissenschaft gehandelt hatte und sich wohl kaum besonders schuldig fühlte, blieb die andere Möglichkeit, nämlich dass eine Pflanze fähig ist, sich an den Menschen zu erinnern und den wieder zu erkennen, der einer ihrer Mitpflanzen etwas angetan hatte, bestehen.

Bei einer anderen Versuchsreihe stellte Backster fest, dass zwischen einer Pflanze und ihrem Betreuer eine besondere Verbindung zu bestehen scheint, die unabhängig von der Entfernung ist. Mit Hilfe synchron laufender Stoppuhren konnte Backster beobachten, dass seine Pflanzen auch dann auf seine Gedanken reagierten, wenn er sich im Nebenzimmer, im Stockwerk darunter oder sogar in einem anderen Haus aufhielt. Als er von einer Fahrt nach dem vierundzwanzig Kilometer entfernten New Jersey zurückkehrte, konnte Backster anhand der Diagramme nachweisen, dass seine Pflanzen genau in dem Moment, als er sich entschloss, nach New York zurückzufahren, sozusagen aufgeatmet hatten.

Als Backster im Rahmen einer Vorlesungsreihe von seinen ersten Beobachtungen aus dem Jahre 1966 sprach, zeigte er ein Lichtbild seines Drachenbaumes. Genau zum Zeitpunkt dieser Vorführung verursachte die Pflanze zu Hause in seinem Büro einen Ausschlag der Registriernadel.

Wenn Pflanzen einmal auf eine bestimmte Person eingestellt sind, scheinen sie fähig zu sein, diese Verbindung aufrechtzuerhalten, ganz egal, wohin sich die betreffende Person begibt, selbst unter Tausenden von anderen Leuten erkennt sie ihren Herrn. In der Silvesternacht stürzte sich Backster in den Trubel auf dem *Times Square*, bewaffnet mit Notizbuch und Stoppuhr. Er mischte sich unter die Volksmenge und notierte alles, was er tat: gehen, laufen, Untergrundbahntreppen hinuntersteigen, beinahe überfahren werden, kleine Auseinandersetzung mit einem Zeitungsverkäufer. Ins Labor zurückgekehrt, fand er, dass alle drei Pflanzen, die er separat an Polygraphen angeschlossen hatte, unabhängig voneinander auf seine leicht gefühlsbetonten Abenteuer ähnlich reagiert hatten.

Um zu sehen, ob man auch auf viel größere Distanzen Reaktionen bei Pflanzen auslösen kann, machte er mit einer Freundin einen Versuch. Er wollte feststellen, ob ihre Pflanzen mit ihr »in Verbindung« blieben, während sie eine über tausend Kilometer weite Flugreise quer durch die Vereinigten Staaten unternahm. Durch Vergleich der synchron laufenden Uhren entdeckten die beiden, dass die Pflanzen immer dann eine deutliche Reaktion zeigten, wenn ihre Besitzerin beim Landemanöver etwas Angst empfand.

Backster hätte am liebsten die Reaktionen einer Pflanze bei noch größeren Entfernungen – Millionen von Kilometern – getestet, um zu sehen, ob der Weltraum für die »Primär-Wahrnehmung« seiner Pflanzen eine Grenze darstellt. Er hätte es deshalb gerne gesehen, wenn eine der Marssonden eine Pflanze mit einem Galvanometer auf den Planeten oder in seine Nähe gebracht hätte, um dann telemetrisch die Reaktionen der Pflanze auf emotionelle Regungen ihres Betreuers auf der Erde in der Bodenstation zu kontrollieren.

Telemetrische Radio- oder TV-Signale pflanzen sich, wie alle elektromagnetischen Wellen, mit Lichtgeschwindigkeit fort und brauchen etwa sechs bis sechseinhalb Minuten, um den Mars zu erreichen, und genauso lange wieder zurück zur Erde. Die Frage wäre nun, ob das Emotions-Signal eines Menschen auf der Erde den Mars schneller erreichen würde als die elektromagnetische Welle oder, wie Backster vermutet, sogar schon im Augenblick seiner Aussendung. Sollte beim vorgeschlagenen Versuch das Signal bereits nach sechseinhalb Minuten auf der Erde eintreffen, so würde das heißen, dass mentale oder emotionale Übermittlungen jenseits unseres Zeitbegriffs und jenseits des elektromagnetischen Spektrums stattfinden.

Backster hat keine Ahnung, welche Art von Energiestrahlung oder -wellen des Menschen Gedanken oder innere Empfindungen auf eine Pflanze übertragen könnten. Er hat versucht, der Pflanze den »Informationsstrom« abzuschneiden, indem er sie in einen faradayschen Käfig bzw. in eine Bleikammer stellte. Keine dieser Maßnahmen schien die Verbindung zwischen Pflanze und Mensch in irgendeiner Weise zu behindern oder gar zu zerstören. Das, was den Trägerwellen entspricht – was immer es auch sein mag –, muss irgendwie weit über das elektromagnetische Spektrum hinausreichen. Es scheint vom Makrokosmos bis hinunter zum Mikrokosmos zu funktionieren.

Eines Tages, als sich Backster in den Finger geschnitten hatte und ihn mit Jodtinktur betupfte, reagierte die am Polygraphen angeschlossene Pflanze sofort – offenbar auf den Tod einiger Zellen in Backsters Finger. Es hätte natürlich auch eine Reaktion auf seine Gemütserregung sein können – hervorgerufen durch den Anblick seines Blutes oder das Brennen der Jodtinktur. Aber Backster entdeckte bald, dass das Diagramm immer dann ein ganz bestimmtes Muster zeigte, wenn die Pflanze beim Absterben lebender Gewebe Zeuge war.

Die typische Kurve erschien wieder, als Backster sich eines Tages ein Glas Joghurt zurechtmachte. Das verwirrte ihn, bis ihm einfiel, dass die Marmelade, die er unter das Joghurt mischte, ein chemisches Konservierungsmittel enthielt, das einige der lebenden Joghurtbakterien abtötete. Ein weiteres, zunächst rätselhaftes Auftreten des Musters fand seine Erklärung, als man merkte, dass die Pflanzen darauf reagierten, wenn man heißes Wasser in den Ausguss schüttete: Das heiße Wasser tötete Bakterien im Abflussrohr.

Backsters medizinischer Berater, der Zytologe Dr. Howard Miller aus New Jersey, schloss daraus, dass eine Art von »zellularem Bewusstsein« allen Lebensformen gemeinsam sein müsse.

Um diese Hypothese zu erhärten, entwickelte Backster eine Methode, mit der er Aufgüsse von verschiedenen einzelnen Zellen zwischen die Elektroden praktizieren konnte, zum Beispiel von Amöben, Pantoffeltierchen, Hefepilzen, Schimmelkulturen sowie Abstriche aus dem Mund, Blut und sogar Sperma. Alle diese Zellen setzten die Feder des Polygraphen in Bewegung, und es ergaben sich ebenso interessante Kurven, wie sie die Pflanzen hervorgebracht hatten. Dabei erwiesen sich die Spermazellen als erstaunlich geschickt, denn sie schienen fähig zu sein, die Gegenwart ihres Spenders zu registrieren und darauf zu reagieren, während sie die Anwesenheit anderer Männer ignorierten. Solche Beobachtungen legen den Schluss nahe, dass eine Art von totalen Gedächtnisses bis zur einzelnen Zelle hinunter vorhanden sein könnte und – daraus folgend – dass das Gehirn lediglich ein Schaltmechanismus ist und nicht unbedingt ein Gedächtnis-Speicherorgan.

»Empfindungsvermögen«, sagte Backster, »scheint es nicht nur auf zellularem Niveau zu geben. Vielleicht geht es sogar noch weiter hinunter, auf molekulares, atomares oder gar subatomares Niveau. Man wird dabei alles Mögliche mit einbeziehen müssen, was man bisher normalerweise als unbelebt betrachtete.«

Backster war überzeugt, dass er einem Phänomen auf der Spur war, das für die Wissenschaft höchst bedeutsam sein musste, und wollte seine Entdeckungen deshalb möglichst rasch in einer Fachzeitschrift veröffentlichen, damit andere Wissenschaftler seine Ergebnisse überprüfen könnten. Denn um ein wissenschaftlich hieb- und stichfestes Ergebnis zu erhalten, muss eine einmal aufgezeichnete Reaktion von anderen Wissenschaftlern an anderen Orten zu wiederholten Malen ebenfalls erzielt werden. Das machte das Problem schwieriger, als er erwartet hatte.

Zunächst merkte Backster, dass Pflanzen sich derart auf einen Menschen einstellen können, dass es nicht immer möglich ist, durch andere Experimentatoren die gleichen Reaktionen bei ihnen auszulösen. Zwischenfälle wie das »Totstellen«, das sie dem kanadischen Physiologen gegenüber praktizierten, ließen manchmal die Vermutung wach werden, so etwas wie den »Backster-Effekt« gäbe es gar nicht. Wenn jemand an einem Pflanzenexperiment persönlich beteiligt war oder nur schon im Voraus wusste, zu welchem Zeitpunkt eines geplant war, so genügte das oft schon, um einer Pflanze »einen Tipp zu geben«, und sie machte nicht mehr mit.

So stellte Backster fest, dass die Pflanzen von den Vorstellungen und Plänen, die er und seine Kollegen vor einem Pflanzenversuch entwickelten, beeinflusst wurden, obwohl die Besprechung in einem ganz anderen Raum stattfand.

Backster erkannte, dass er, wenn er sich durchsetzen wollte, eine Versuchsanordnung konzipieren musste, bei der jede menschliche Beteiligung ausgeschlossen war. Der ganze Versuch musste automatisch ablaufen. Alles in allem brauchte Backster dafür zweieinhalb Jahre und mehrere tausend Dollar, wovon einige durch die Parapsychology Foundation beigesteuert wurden, die damals noch unter der Leitung der berühmten, inzwischen verstorbenen Eileen Garrett stand. Er knobelte ein beweiskräftiges Experiment aus und entwickelte mit Hilfe mehrerer Wissenschaftler verschiedener Disziplinen die dafür notwendigen vollautomatisierten Apparate.

Der Test, den Backster schließlich durchführte, bestand darin, lebende Zellen durch einen automatischen Mechanismus in einem zufällig gewählten Moment töten zu lassen, während sich niemand in oder nahe dem Büro befand, um dann zu sehen, ob und wie die Pflanzen reagierten.

Als »Opfertiere« hatte Backster Kleinkrebschen ausgesucht, wie sie als Futter für tropische Fische verkauft werden. Dabei war wichtig, dass die Opfer ausgesprochen gesund waren, denn man hatte bemerkt, dass krankes oder schon absterbendes Gewebe nicht mehr in der Lage ist, eine Art Warnung auszusenden, und darum nicht mehr als Fernreiz wirksam wird. Ob die Krebschen in guter Verfassung sind, ist leicht zu erkennen: Normalerweise bringen die Männchen ihre ganze Zeit damit zu, Weibchen zu jagen und zu begatten.

Der Mechanismus, um diese Playboywesen »auszulöschen«, bestand aus einer kleinen Schüssel, die die Tierchen automatisch in einen Topf mit kochendem Wasser kippte. Ein entsprechend programmierter Apparat löste den Kippvorgang in einem zufällig gewählten Augenblick aus, so dass Backster und seine Assistenten gar nicht wissen konnten, wann das Ereignis eintrat. Um auszuschließen, dass auf den Kurven der bloße Kippvorgang registriert wurde, ließ man zwischendurch – als Kontrollversuche – auch Schüsseln ohne Krebschen, nur mit Wasser gefüllt, auskippen.

Drei Pflanzen wurden in drei verschiedenen Räumen an drei separate Galvanometer angeschlossen. Ein viertes Galvanometer wurde mit einem unveränderlichen Widerstand verbunden, um möglicherweise zufällig auftretende Abweichungen zu registrieren, die durch Schwankungen in der Stromzufuhr oder elektromagnetische Störungen im Umfeld der Testanordnung verursacht werden könnten. Licht und Temperatur wurden für alle Pflanzen gleichmäßig gehalten, und die Pflanzen selbst wurden, als besondere Vorsichtsmaßnahme, ganz frisch ins Labor »importiert« und so befördert, dass sie vor dem Experiment kaum je eine Menschenhand berührte.

Die für das Experiment ausgewählten Pflanzen gehörten zur Art *Philodendron cordatum*, deren schöne große Blätter kräftig genug sind, den Druck der Elektroden ohne Beeinträchtigung auszuhalten. In den aufeinanderfolgenden Testdurchgängen wurden verschiedene Pflanzen dieser Art verwendet.

Die wissenschaftliche Hypothese, die Backster erhärten wollte, lautete – wissenschaftlich ausgedrückt –: »*Bei lebenden Pflanzen existiert eine bis jetzt noch nicht definierte primäre Wahrnehmung; die Vernichtung von tierischem Leben kann als Fernreiz dienen, um dieses Perzeptionsvermögen zu demonstrieren; es kann gezeigt werden, dass diese Perzeptionsfähigkeit bei Pflanzen unabhängig von menschlicher Beteiligung funktioniert.*«

Die Ergebnisse des Versuchs zeigten, dass die Pflanzen stark und synchron auf den Tod der Krebschen in kochendem Wasser reagierten. Das automatisierte Aufzeichnungssystem, das von mehreren Wissenschaftlern überprüft wurde, ließ erkennen, dass Pflanzen auf den Tod von Kleinkrebsen kontinuierlich mit einer Quote von fünf zu eins gegen die Zufallswahrscheinlichkeit reagieren.

Die ganze Versuchsanordnung und die Ergebnisse des Experiments wurden in Form einer wissenschaftlichen Abhandlung veröffentlicht.*

Nun war die Reihe an den anderen Wissenschaftlern zu versuchen, ob sie Backsters Experiment wiederholen und die gleichen Ergebnisse erzielen könnten.

Mehr als siebentausend Wissenschaftler verlangten Sonderdrucke des Berichts über Backsters Forschungen. Studenten und Wissenschaftler von ungefähr zwei Dutzend amerikanischen Universitäten zeigten sich interessiert daran, die Backster-Experimente zu wiederholen, sobald sie die nötigen Apparaturen erhalten könnten.**

Stiftungen zeigten sich interessiert, weitere Versuche zu finanzieren. Die Massenmedien, die Backsters Bericht zunächst ignoriert hatten, griffen die Geschichte begeistert auf, nachdem *National Wildlife* den Mut hatte, im Februar 1969 mit einem Artikel den Anfang zu machen. Der Erfolg war so durchschlagend, dass viele Leser begannen, mit ihren Pflanzen zu sprechen, und *Dracaena massangeana* zu einem Begriff der Umgangssprache wurde.

Die Leser schienen am meisten von dem Gedanken angetan,

---

* »Evidence of Primary Perception in Plant Life« (Beweise für Primär-Wahrnehmung bei Pflanzen), in *The International Journal of Parapsychology*, Bd. X, 1968.

** Backster wollte die Namen und Adressen dieser Institute nicht nennen, damit sie nicht von Neugierigen belästigt würden, bevor sie ihre Testreihen abgeschlossen hätten, und damit sie ihre Ergebnisse in Ruhe auswerten und dann veröffentlichen könnten.

dass eine Eiche tatsächlich aufschreien konnte, wenn sich ihr ein Holzfäller näherte, oder dass eine Rübe beim Anblick eines Hasen zitterte, während die Herausgeber von *National Wildlife* über einige Konsequenzen, die die Anwendung des Backster-Effekts auf den Gebieten der medizinischen Diagnose, der polizeilichen Untersuchungen und der Spionage haben könnten, so beunruhigt waren, dass sie es noch nicht wagten, etwas darüber zu bringen.

Am 21. März 1969 schrieben die *Medical World News*, dass die ASW-Forschung nun endlich »drauf und dran sein könnte, das wissenschaftliche Ansehen zu erlangen, um das sich die Erforscher der parapsychologischen Erscheinungen seit 1882, also seit Gründung der British Society for Psychical Research in Cambridge, vergeblich bemüht haben.«

William M. Bonduranz, ein Geschäftsführer der Mary Reynolds Babcock Stiftung in Winston-Salem, North Carolina, überschrieb Backster einen Betrag von 10 000 Dollar, damit er seine Forschungen weiterführen konnte, und meinte dazu: »Seine Arbeit deutet darauf hin, dass es eine primäre Form unmittelbarer Kommunikation zwischen allen lebenden Wesen geben könnte, die über die Naturgesetze, die wir bisher kennen, hinausgeht – und das muss einfach näher untersucht werden.«

So war es Backster möglich, teure Apparate anzuschaffen, zum Beispiel Elektrokardiographen und Elektroenzephalographen. Diese Instrumente dienen normalerweise zur Messung der Herz- und Gehirnströme. Sie haben den Vorteil, dass sie keinen Strom durch die Pflanzen schicken, sondern lediglich den Spannungsabstand ihrer Entladungen messen. Der Kardiograph ermöglichte es Backster, noch schwächere Reaktionen zu registrieren als mit dem Polygraphen, und der Enzephalograph zeichnete noch zehnmal genauere Kurven als der Kardiograph.

Ein Zufall eröffnete Backster ein weiteres neues Forschungsfeld. Eines Abends, als er gerade seinen Dobermannpinscher mit einem rohen Ei fütterte, bemerkte Backster, dass eine seiner am Polygraphen angeschlossenen Pflanzen aufgeregt reagierte, als er das Ei aufschlug. Am nächsten Abend beobachtete er dieselbe Reaktion. Er war neugierig, was das Ei wohl fühlen mochte, verband es mit einem Galvanometer und schon war er wieder einmal mitten in einer Forschungsarbeit.

Neun Stunden lang lieferte das Ei Kurven, die dem Rhythmus der Herzschläge eines Hühnerembryos entsprachen. Die Frequenz betrug zwischen 160 und 170 Schläge pro Minute, was für einen drei oder vier Tage bebrüteten Embryo angemessen gewesen wäre; nur hatte er das Ei im Laden gekauft, und es war nicht befruchtet. Später, als Backster das Ei aufschlug, stellte er erstaunt fest, dass es überhaupt keine Blutgefäße irgendwelcher Art besaß, die für die Pulsationen verantwortlich hätten sein können. Er schien da auf eine Art Kraftfeld gestoßen zu sein, für das die konventionelle Wissenschaft bisher keine Erklärung und kein Verständnis hatte.

Den einzigen Hinweis darauf, in welche Welt er da hineinspaziert war, erhielt Backster von den verblüffenden Versuchen mit Energiefeldern rund um Pflanzen, Bäume, Menschen und sogar Zellen, die in den dreißiger und vierziger Jahren von dem inzwischen verstorbenen Professor Harold Saxton Burr an der Yale Medical School durchgeführt worden waren und die eben erst anfangen, bekannt und verstanden zu werden.

Backster gab seine Pflanzenexperimente eine Zeitlang auf, um sich der Erforschung des Ei-Phänomens und seiner Konsequenzen zu widmen. Die ganze Sache schien eine tiefgreifende Bedeutung für die Enträtselung des Geheimnisses der Lebensentstehung zu haben – und ist die Grundlage für ein weiteres ganzes Buch.

2
Philodendren können Gedanken lesen

Während Backster im Osten der Vereinigten Staaten seine Versuchsreihen entwickelte, wurde ein untersetzter Chemiker, der als Forscher bei der International Business Machines Corporation (IBM) in Los Gatos, Kalifornien, arbeitete, aufgefordert, für die Ingenieure und Wissenschaftler der IBM einen »Kreativitätskurs« zu veranstalten. Erst nachdem Marcel Vogel diese Aufgabe übernommen hatte, kam ihm zum Bewusstsein, auf was er sich da eingelassen hatte. »Wie definiert man Kreativität?«, fragte er sich, »was ist ein kreativer Mensch?« Vogel, der eigentlich einmal Franziskaner werden wollte und Theologie studiert hatte, arbeitete, um diese Fragen zu beantworten, ein Konzept für zwölf zweistündige Seminarübungen aus, das, wie er hoffte, seine Studenten genügend herausfordern würde.

Er selbst hatte die Gefilde der Kreativität schon als Knabe erkundet, als er sich dafür zu interessieren begann, wie bei Leuchtkäfern und Glühwürmchen denn eigentlich das Licht zustande kommt. Da er in den Bibliotheken nur wenig über Luminiszenz fand, teilte er seiner Mutter mit, er werde über diesen Gegenstand ein Buch schreiben. Zehn Jahre später veröffentlichte Vogel in Zusammenarbeit mit Dr. Peter Pringsheim von der Universität Chicago *Luminescence in Liquids and Solids and Their Practical Application* (»Luminiszenz flüssiger und fester Stoffe und ihre praktische Anwendung«). Zwei Jahre danach gründete Vogel eine eigene Gesellschaft, die Vogel Luminiscence in San Francisco, die schon bald führend auf diesem Gebiet war. Im Laufe von fünfzehn Jahren entwickelte Vogels Firma eine ganze Reihe neuer

Produkte: Die rote Farbe, die man auf Fernsehschirmen sehen kann, fluoreszierende Farbstifte, eine »Schwarzlicht«-Untersuchungstasche, mit deren Hilfe man die geheimen Pfade der Nagetiere aufgrund ihrer Urinspuren in Kellern, Abwässerkanälen und Slums feststellen kann, und die psychedelischen Farben, die so viele Posters schmücken.

Mitte der fünfziger Jahre war Vogel es leid, Tag für Tag bis über die Ohren im Verwaltungskram zu stecken. Er verkaufte seine Firma und begann, bei IBM zu arbeiten. Hier konnte er sich ganz der Forschung widmen, sich in die Probleme der Magnetaufzeichnung vertiefen, mit optisch-elektrischen Apparaten arbeiten, Flüssigkristall-Systeme beobachten, Erfindungen machen, die für die Informationsspeicherung in Computern von ausschlaggebender Bedeutung waren, und Auszeichnungen einheimsen, die nun die Wände seines Heims in San José zieren.

Der Kreativitätskurs, den Vogel bei der IBM abhielt, nahm eine interessante Wendung, als einer seiner Studenten ihm eine Nummer der Zeitschrift *Argosy* mitbrachte, in der ein Artikel über Backsters Arbeit stand: »Haben Pflanzen Gefühle?« Vogels erste Reaktion war, den Artikel in den Papierkorb zu werfen, weil er überzeugt war, Backster sei auch nur so ein Scharlatan und nicht wert, ernst genommen zu werden. Aber dennoch – etwas an der Idee ließ ihm keine Ruhe. Ein paar Tage später holte Vogel den Artikel wieder hervor und revidierte seine Ansicht völlig.

Als er den Artikel seinen Studenten vorlas, löste er Gelächter aus, rief aber auch Neugier hervor. Und nachdem sich der Spektakel gelegt hatte, wurde einmütig entschieden, selbst Versuche mit Pflanzen zu unternehmen. Noch am selben Abend rief ein Student Vogel an, um ihm mitzuteilen, dass in der neuesten Ausgabe von *Popular Electronics* etwas über Backsters Arbeiten stehe und ein Schaltschema für einen »Psychoanalysator« beschrieben werde, ein Gerät, das Reaktionen von Pflanzen registrieren und verstärken könne und für weniger als fünfundzwanzig Dollar zu bauen sei.

Vogel teilte seine Klasse in drei Gruppen ein und forderte sie auf, zu versuchen, ob sie einige von Backsters Experimenten erfolgreich wiederholen könnten. Am Ende des Seminars hatte keines der drei Teams irgendeinen Erfolg vorzuweisen. Vogel hingegen konnte berichten, dass er gewisse Ergebnisse Backsters ebenfalls erhalten hatte. Anschließend führte er vor, wie Pflanzen es vorausfühlen, wenn man ihnen ein Blatt abreißen will, wie sie aufgeregt reagieren, wenn sie verbrannt oder mit den Wurzeln ausgerissen werden sollen – aufgeregter sogar, als wenn man sie *tatsächlich* abreißt, verbrennt oder sonst wie brutal behandelt. Vogel fragte sich, weshalb er als Einziger erfolgreich zu sein schien. Schon als Junge hatten ihn alle Dinge interessiert, die etwas über die Funktionsweise der menschlichen Psyche aussagen konnten. Nachdem er sich in Bücher über Magie, Spiritualismus und Hypnosetechniken vertieft hatte, produzierte er sich – noch ein Teenager – als Hypnotiseur auf der Bühne.

Besonders fasziniert war Vogel von Franz Anton Mesmers Theorie eines »Universellen Fluidums«, dessen Ausgeglichenheit oder Gestörtheit Gesundheit bzw. Krankheit erklärt, von Emile Coués auf Autosuggestion beruhendem Heilverfahren und den Hypothesen zahlreicher Autoren über eine »psychische Energie«, ein Ausdruck, den C. G. Jung bekanntgemacht hat.

Wenn es eine »psychische Energie« gab, musste man sie, so folgerte Vogel, speichern können – wie andere Energieformen auch. Aber wie? Während er die vielen Chemikalien anstarrte, die auf den Regalen seines IBM-Labors standen, überlegte Vogel, welche davon man wohl verwenden könnte, um diese Energie zu speichern.

Er bat eine befreundete, medial begabte Dame, Vivian Wiley, um Hilfe. Nachdem sie die ihr vorgelegten Chemikalien näher betrachtet hatte, sagte sie, ihrer Meinung nach könne man sich von keiner eine Lösung für Vogels Problem versprechen. Vogel meinte, sie solle sich von seiner vorgefassten Meinung über Chemikalien nicht beeinflussen lassen, sondern irgendetwas anderes probieren, das ihr intuitiv als geeignet einfallen würde. Als Vivian Wiley wieder zu Hause war, pflückte sie zwei Blätter von einer Steinbrechpflanze in ihrem Garten und legte eines davon auf ihr Nachttischchen, das andere ins Wohnzimmer. »Jeden Tag, wenn ich aufstehe«, erzählte sie Vogel, »schaue ich auf das Blatt neben meinem Bett und *will*, dass es am Leben bleibt. Dem anderen Blatt aber schenke ich keine Aufmerksamkeit. Wir wollen sehen, was geschieht.«

Einen Monat danach bat sie Vogel, zu ihr zu kommen und eine Kamera mitzubringen, um die Blätter zu fotografieren. Vogel traute seinen Augen nicht. Das Blatt, das seine Bekannte nicht beachtet hatte, war welk, braun und begann zu faulen. Das Blatt, dem sie täglich ihre konzentrierte Aufmerksamkeit geschenkt hatte, prangte in lebhaftem Grün, als ob es eben erst gepflückt worden wäre. Irgendeine Kraft schien dem natürlichen Zerfall zu trotzen und das Blatt am Leben zu erhalten. Neugierig, ob er das gleiche Ergebnis wie seine Bekannte erhalten könnte, pflückte Vogel drei Blätter von einer Ulme vor seinem IBM-Labor und legte sie zu Hause auf eine Glasplatte neben seinem Bett.

Jeden Tag starrte Vogel vor dem Frühstück sehr konzentriert auf die beiden äußeren Blätter und redete ihnen während etwa einer Minute liebevoll zu, frisch und gesund zu bleiben; das mittlere Blatt ließ er beharrlich unbeachtet. Nach einer Woche war das mittlere Blatt braun geworden und rollte sich zusammen. Die äußeren Blätter sahen immer noch grün und frisch aus. Von höchstem Interesse war für Vogel, dass bei den abgerissenen Blattstielen der beiden grünen Blätter offenbar die Wunden an den Rissstellen verheilten. Vivian Wiley setzte ihren Versuch fort und zeigte danach Vogel das Steinbrechblatt, das sie während zweier langer Monate grün und am Leben erhalten hatte, während das andere völlig vertrocknet und braun war.

Vogel war überzeugt, dass er die Kraft der »psychischen Energie« hier in Aktion beobachten konnte. Wenn die Gedankenkraft ein Blatt anomal lange grün zu erhalten vermochte, was für eine

Wirkung würde sie dann, so fragte sich Vogel, auf flüssige Kristalle ausüben, eine Materie, die er gerade für IBM intensiv studierte.

Vogel hatte als geübter Mikroskopist schon Hunderte von Farb-Diapositiven vom Verhalten flüssiger Kristalle in dreihundertfacher Vergrößerung hergestellt. Auf der Projektionsleinwand konnten sie es mit den Werken eines begabten abstrakten Malers aufnehmen. Vogel entdeckte, dass er, wenn er sich bei seiner Arbeit »geistig entspannte«, in seinem mikroskopischen Gesichtsfeld Aktivitäten erfühlen konnte, die dem Auge nicht offenbar wurden.

»Ich begann, unter dem Mikroskop Dinge wahrzunehmen, die anderen entgingen. Ich sah sie jedoch nicht mit meinen normalen Augen, sondern mit meinem inneren Auge. Nachdem ich diese Dinge aber entdeckt hatte«, berichtete Vogel, »gelang es mir dank einer Art Eingebung, die Beleuchtung so einzustellen, dass diese Phänomene auch für das Auge und die Kamera optisch erkennbar wurden.«

Vogel gelangte zu dem Schluss, dass Kristalle, bevor sie in einen festen Zustand übergehen, von *Vor-Formen*, von Schattenbildern aus reiner Energie *vorgebildet* werden. Da ja Pflanzen die Absichten eines Menschen – zum Beispiel sie anzusengen – »verstehen« können, hegte Vogel keinerlei Zweifel, dass diese Absicht eine Art elektrisches Feld hervorruft.

Im Herbst 1971 gab Vogel seine Pflanzenforschungen auf. Er hatte jedoch einen Artikel über seine Experimente geschrieben, in dem Dr. Gina Cerminara, eine Psychologin und Autorin eines populären Buches über den Seher Edgar Cayce, zitiert wurde. Als dieser Artikel im *San Jose Mercury* erschien und von *Associated Press* weltweit verbreitet wurde, bestürmte man Vogel derart mit Bitten um nähere Informationen, dass er sich bereiterklärte, doch weiterzumachen.

Es wurde Vogel klar, dass er, bevor er die Wirkungen menschlicher Gedanken und Emotionen auf Pflanzen genau beobachten konnte, seine Technik beim Anbringen der Elektroden an den

Pflanzenblättern verbessern musste, um den Einfluss zufälliger elektromagnetischer Schwingungen auszuschließen. Hauptquelle von solchen Störfrequenzen – oder technischem »Lärm« –, die die Schreibfeder zur Produktion »versuchsfremder« Kurven auf dem Papierstreifen veranlassen konnte, waren zum Beispiel in der Nähe laufende Staubsauger, die schon Backster dazu gezwungen hatten, seine Versuche meist zwischen Mitternacht und Morgengrauen durchzuführen.

Auch fand Vogel heraus, dass einige seiner Philodendren rascher, andere langsamer reagierten, einige sehr deutlich, andere nur vage, und dass nicht nur jede Pflanze, sondern auch jedes einzelne Blatt seine eigene unverwechselbare Persönlichkeit und Individualität besitzt. Blätter mit einem hohen elektrischen Widerstand erwiesen sich als besonders schwierig, während fleischige Blätter mit einem hohen Wassergehalt am geeignetsten waren für seine Versuche. Anscheinend machen Pflanzen aktive und inaktive Phasen durch, denn zu gewissen Tageszeiten oder an gewissen Tagen im Laufe eines Monats waren sie außerordentlich reaktionsbereit, an anderen »träge« oder »unlustig«.

Um sicherzugehen, dass keiner dieser Effekte lediglich das Ergebnis eines schlechten Elektrodenanschlusses war, entwickelte Vogel eine neue Methode. Er stellte aus einer Agarlösung, Salz und Pflanzengummi als Verdickungsmittel eine schleimige Paste her, die er auf die Blätter auftrug, ehe er die sorgfältig polierten 25 × 35 Millimeter großen Elektroden aus rostfreiem Stahl auflegte. Sobald sich das Agargelee um die Kanten der Elektrodenplättchen legte und verfestigte, schloss es die Flächen in seinem feuchten Innern ein und verhinderte so alle Veränderungen der vom Blatt ausgehenden Signale, wie sie vorher durch den Druck der aufgeklemmten Elektroden aufgetreten waren. Mit diesem System erhielt Vogel auf seinem Schreiber eine völlig gerade Basislinie ohne Oszillationen.

Nachdem er so die Zufallseinflüsse ausgeschaltet hatte, begann Vogel im Frühjahr 1972 eine neue Versuchsreihe, bei der es ihm darum ging, den genauen Augenblick festzustellen, in dem ein Philodendron in eine messbare Beziehung zu einem Menschen tritt. Vogel verband ein Philodendron mit einem Galvanometer, das eine gerade Basislinie produzierte, und stellte sich völlig entspannt und tief atmend mit ausgestreckten Fingern so vor die Pflanze, dass er sie beinahe berührte. Gleichzeitig dachte er so liebevoll an sie, wie man sonst nur an einen guten Freund denkt. Jedes Mal, wenn er die Pflanze mit seinen Gefühlen »überschüttete«, verzeichnete die Feder auf dem Papierstreifen aufsteigende Oszillationen. Vogel spürte dabei an seinen Handflächen einen deutlich wahrnehmbaren »Energiestrom« vonseiten der Pflanze.

Etwa drei bis fünf Minuten später rief ein weiteres liebevolles Gedenken von Vogels Seite keine weitere Aktivität der Pflanze hervor. Sie schien als Antwort auf seine Freundschaftsbezeugungen »alle ihre Energie entladen« zu haben. Für Vogel schien der Austausch zwischen ihm und dem Philodendron auf der gleichen Ebene stattzufinden wie eine Begegnung zwischen Liebenden oder Freunden: Die Intensität der gegenseitigen Anziehungskraft bewirkt ein Ansteigen der Energie, bis diese schließlich verbraucht ist und neu aufgeladen werden muss.

Vogel merkte, dass er ziemlich leicht aus einer Pflanzenzucht die Pflanze herausfinden konnte, die besonders sensitiv war. Er hielt seine Hand über eine Anzahl Pflanzen und bewegte sie leicht hin und her, bis er ein schwaches Kältegefühl spürte, gefolgt von – wie er es beschreibt – einer Reihe elektrischer Schwingungen, die ein starkes Kraftfeld anzeigen. Außerdem entdeckte er, dass die Pflanze – wie bei Backster – auch dann noch ähnlich reagierte, wenn die Entfernung zwischen ihm und ihr sich vergrößerte. Selbst wenn er in seinem Laboratorium in Los Gatos war, dreizehn Kilometer entfernt also, zeigten sich noch messbare Reaktionen.

Bei einem anderen Experiment verband Vogel zwei Pflanzen mit je einem Aufzeichnungsapparat und schnitt ein Blatt der ersten Pflanze ab. Die zweite Pflanze reagierte auf die Verletzung ihrer Nachbarpflanze jedoch *nur, wenn Vogel ihr seine Aufmerksamkeit zuwendete*: Wenn Vogel ein Blatt abschnitt, ohne die zweite Pflanze dabei zu beachten, blieb eine Reaktion aus. Es war, als bestünde zwischen ihm und der ersten Pflanze eine so intensive Verbindung, dass sie ihrer Umwelt keine Signale übermittelte.

Aus eigener Erfahrung wusste Vogel, dass Meister des Yoga und anderer Meditationstechniken störende Einflüsse ihrer Umwelt nicht wahrnehmen, wenn sie sich in tiefer Versenkung befinden. Ein Elektroenzephalograph gibt dann ein völlig anderes Muster ihrer Gehirnströme wieder, als wenn die gleichen Personen sich bewusst ihrer alltäglichen Umwelt zuwenden. Vogel fand heraus, dass ein bestimmter Konzentrationsgrad seinerseits ein wesentlicher und ausgleichender Bestandteil der Stromkreise war, die er für die Aufzeichnungen seiner Pflanzen brauchte. Eine Pflanze konnte aus einem schläfrigen Zustand zur Sensitivität erweckt werden, wenn er sein normales Bewusstsein »ausschaltete« und sich mit einem anscheinend außerbewussten Teil seines Geistes intensiv auf die Vorstellung konzentrierte, dass sich die Pflanze glücklich, geliebt und gesund fühlen wolle. Auf diese Art schienen Mensch und Pflanze miteinander zu kommunizieren und als eine Einheit Empfindungen verschiedenster Art registrieren zu können, die dann via Pflanze aufgezeichnet wurden. Vogel stellte fest, dass der Vorgang der Sensibilisierung der Pflanze und seiner selbst von nur wenigen Minuten bis zu einer halben Stunde dauern konnte.

Nach Details gefragt, beschrieb Vogel den Vorgang folgendermaßen: Zuerst stellt er die Wahrnehmungsreaktionen seiner Körperorgane ruhig. Dann wird er sich einer energetischen Verbindung zwischen sich und der Pflanze bewusst. Wenn ein Gleichgewicht zwischen dem bioelektrischen Potential der Pflanze und seinem eigenen eingetreten ist, wird die Pflanze unempfindlich gegen Lärm, Temperatur, die normalen elektrischen Felder in ihrer Umgebung und gegenüber anderen Pflanzen. Sie reagiert ausschließlich auf Vogel, der sich erfolgreich auf sie eingestellt – oder sie vielleicht einfach hypnotisiert hat.

Vogel fühlte sich seiner Sache nun sicher genug, um eine Einladung zu einer öffentlichen Demonstration des Experiments im regionalen Fernsehen von San Francisco anzunehmen. Die Pflanze, an einen Schreiber angeschlossen, drückte verschiedene emotionale Reaktionen Vogels auf umweltbedingte Reize durch lebhafte Kurvenzeichnungen aus.

Wenn Vogel eingeladen wurde, vor Leuten zu sprechen, die von seinen Experimenten gehört hatten, pflegte er zunächst festzustellen: »Es ist eine Tatsache: Der Mensch kann mit der Pflanzenwelt kommunizieren, und er tut es. Pflanzen sind lebendige, empfindsame, mit dem All verbundene Wesen. Sie mögen im menschlichen Sinne blind, taub und stumm sein, aber meiner Meinung nach gibt es keinen Zweifel daran, dass sie äußerst sensible Instrumente sind, die die Emotionen des Menschen ›auffangen‹. Sie strahlen energetische Kräfte aus, die der Mensch fühlen kann und als angenehm empfindet. Sie dringen in unser eigenes Kraftfeld ein, das dafür seinerseits Energie zur Pflanze zurückfließen lässt.« Die amerikanischen Indianer, meint Vogel, waren sich dieser Zusammenhänge sehr wohl bewusst. Wenn sie neue Kraft brauchten, gingen sie in den Wald, stellten sich mit ausgestreckten Armen unter eine Kiefer und lehnten sich mit dem Rücken dagegen, um so neue Energie zu »tanken«.

Vogel entdeckte im Zusammenhang mit seinen Pflanzen-Demonstrationen ein weiteres Phänomen: Er merkte, dass die Reaktionen von Skeptikern oder feindlich gesonnenen Menschen merkwürdige Auswirkungen auf ihn haben konnten. Wenn er seine Aufmerksamkeit den negativen Einflüssen aus der Zuhörerschaft zuwandte, gelang es ihm, die Personen, von denen sie ausgingen, zu »isolieren« und ihre Wirksamkeit auszuschalten, und zwar mit Hilfe von Tiefatmung, die er im Yogaunterricht gelernt hatte.

»Die Feindseligkeit, die Negativität, die ein Publikum ausstrahlen kann, ist eines der Haupthindernisse für eine wirksame Kommunikation«, sagt Vogel. »Diese negative Kraft zu bekämpfen, ist eine der schwierigsten Aufgaben bei öffentlichen Vorführungen der Pflanzenversuche. Wenn man das nicht fertig bringt, bleiben die Geräte still, weil sich die Pflanze ›tot stellt‹, und es zeigt sich keine Reaktion, ehe nicht wieder eine positive Verbindung hergestellt werden kann. Es scheint, dass ich wie eine Art Filtersystem wirke, das die Reaktionen der Pflanze auf ihre Umgebung steuert. Ich kann sie an- oder abstellen, so dass Leute und Pflanze wechselseitig reaktionsbereit werden. Ich kann die Pflanze dazu ›überreden‹, eine Art Bereitschaft für diese Versuche zu entwickeln, indem ich sie mit Energie aus meinem Innern auflade. Man darf dabei nicht vergessen, und das halte ich für außerordentlich wichtig, dass die Reaktion der Pflanze nicht einer Art pflanzlicher Intelligenz entspringt, sondern dass die Pflanze sozusagen Teil des Menschen wird. Der Mensch ›dehnt sich sozusagen auf die Pflanze aus‹ und kann dann mit deren bio-elektrischem Feld in wechselseitige Beziehung treten, oder, via Pflanze, mit den Denkprozessen und Emotionen einer dritten Person.«

Vogel kam zu dem Schluss, dass eine Lebens-Kraft oder kosmische Energie alle lebenden Wesen umgibt und Pflanzen, Tiere und Menschen gleicherweise daran teilhaben können. Durch diese gemeinsame Teilhabe werden eine Person und eine Pflanze zu einer Einheit. »Dieses Einssein ermöglicht erst die gegenseitige Sensitivität, die es Pflanze und Mensch erlaubt, nicht nur miteinander zu kommunizieren, sondern diese Kommunikation auch via Pflanze aufzuzeichnen.«

Seine Beobachtungen deuteten darauf hin, dass ein Austausch, ja, sogar eine Vermischung oder Vereinigung von Energien stattfindet, wenn Pflanze und Mensch miteinander in Verbindung treten. Deshalb kam Vogel die Idee, ob sich eine besonders sensitive Person *wohl in eine Pflanze versetzen könnte*, wie es von dem deutschen Mystiker Jakob Böhme (1575–1624) berichtet wurde, der als junger Mann ein Erleuchtungserlebnis hatte und später behauptete, in einer anderen Dimension sehen zu können.

Böhme erklärte, wenn er eine wachsende Pflanze betrachte, könne er sich, wenn er wolle, plötzlich in die Pflanze versetzen, Teil der Pflanze werden, an ihren einfachen Bedürfnissen teilhaben, sich »mit einem froh wachsenden Blatte freuen« und fühlen, wie ihr Leben »nach dem Licht strebt«.

Eines Tages erhielt Vogel in San José Besuch von Debbie Sapp, einer stillen, zurückhaltenden jungen Dame, die ihn dadurch beeindruckte, dass sie sofort mit seinem Philodendron in Verbindung zu treten vermochte, wie seine Apparaturen eindrucksvoll bestätigten.

Als die Pflanze wieder ganz ruhig war, fragte er sie unvermittelt: »Können Sie sich in die Pflanze versetzen?« Debbie nickte, und ein Ausdruck stiller Ruhe trat in ihr Gesicht, ein Ausdruck der Loslösung, als ob sie weit weg, in einer anderen Welt wäre. Im selben Moment begann die Schreibfeder ein Wellenmuster aufzuzeichnen, dem Vogel entnahm, dass die Pflanze ungewöhnlich viel Energie empfing.

Debbie schrieb später nieder, was sich ereignet hatte:

Herr Vogel forderte mich auf, mich zu entspannen und in das Philodendron zu versetzen.

Zuerst wusste ich nicht, wie ich das eigentlich anstellen sollte, mich in eine Pflanze zu versetzen, und beschloss, mich einfach meiner Einbildungskraft zu überlassen. Bald darauf war mir, als beträte ich den Hauptstamm durch eine Tür an seinem Fuße. Drinnen sah ich sich bewegende Zellen und Wasser, das durch den Stamm nach oben wanderte. Ich ließ mich mit diesem Strom emportragen.

Als ich mich den Blättern näherte, fühlte ich mich aus meiner Phantasiewelt in eine Seinsform hinübergezogen, die ich nicht mehr zu kontrollieren vermochte. Da gab es keine geistigen Bilder mehr, sondern eher so etwas wie ein Gefühl, als ob ich an einer weiten, sich ausbreitenden Oberfläche teilhätte, die ich ausfüllte. Es schien mir, ich könnte dies nicht anders beschreiben denn als reines Bewusstsein.

Ich hatte das Gefühl, von der Pflanze »angenommen« und beschützt zu werden. Die Zeit war aufgehoben, ich empfand nur die Einheit von Raum und Sein. Ich musste lächeln und gab mich diesem Einssein mit der Pflanze hin.

Da bat mich Herr Vogel erneut, mich zu entspannen und ich merkte, dass ich sehr müde war, aber völlig friedlich. Meine ganze Kraft war bei der Pflanze gewesen.

Vogel, der die während dieses Experiments entstehenden Aufzeichnungen beobachtete, bemerkte einen plötzlichen Stillstand, als die junge Dame aus der Pflanze »herauskam«. Bei späteren ähnlichen Versuchen konnte sie das Innere der Pflanze und die Struktur der Zellen detailliert beschreiben. Sie bemerkte vor allem, dass eines der Blätter von einer Elektrode schwer angesengt worden war. Vogel löste die betreffende Elektrode und sah, dass sie beinahe durch das ganze Blatt ein Loch gebrannt hatte.

Vogel hat das gleiche Experiment noch mit vielen anderen Versuchspersonen durchgeführt. Er ließ sie ein einzelnes Blatt »betreten« und die Zellen darin beobachten. Alle gaben übereinstimmende Beschreibungen verschiedener Teile des Zellenorganismus – bis hin zu Einzelheiten der Struktur von DNS-Molekülen. Aus derartigen Experimenten zog Vogel den Schluss: »Wir können uns in einzelne Zellen unseres eigenen Körpers versetzen und sie, je nach unserem seelischen Zustand, auf verschiedene Weise beeinflussen. Damit kann man vielleicht eines Tages die Ursachen von manchen Krankheiten erklären.«

In einem Fernsehfilm, der am Karfreitag 1973 gesendet wurde, demonstrierten Vogel und Dr. Tom Montelbono, der über ein Jahr mit Vogel zusammengearbeitet hatte, dass man mental in eine Pflanze eindringen und herausfinden kann, welches ihrer Organe beschädigt ist. Ein Fernsehteam der CBS filmte die beiden bei

Pflanzenexperimenten. Zur großen Verlegenheit beider Forscher schien die Pflanze jedoch überhaupt nicht zu reagieren. Vogel bat Montelbono, doch einmal nachzusehen, ob etwas mit dem Elektrodenanschluss nicht in Ordnung sei. Wie erstaunt waren aber die CBS-Leute, als Montelbono, anstatt sich an den Elektroden zu schaffen zu machen, einfach sitzen blieb und nach kurzer Konzentration verkündete, dass beschädigte Zellen in der rechten oberen Ecke des an der Elektrode angeschlossenen Blattteiles den elektrischen Stromkreis kurzschlossen. In Anwesenheit der Fernsehleute wurden die Elektroden entfernt, und es zeigte sich, dass das Blatt genau an der Stelle beschädigt war, die Montelbono angegeben hatte.

Weil Vogel wusste, dass Kinder die »aufgeschlossensten« Menschen sind, versuchte er, ihnen beizubringen, wie man mit Pflanzen in Beziehung treten kann. Er ließ sie zuerst ein Blatt berühren und dessen Temperatur, Konsistenz und Struktur im einzelnen beschreiben. Dann durften sie die Blätter leicht biegen und sich so deren Elastizität bewusst werden, ehe sie dazu übergingen, die Ober- und Unterseiten der Blätter behutsam zu streicheln. Wenn seine Schüler Gefallen daran fanden, ihm ihre Empfindungen und Gefühle mitzuteilen, bat Vogel sie, die Blätter wieder loszulassen und fragte sie dann, ob sie eine Kraft oder Energie spürten, die von den Blättern ausgeht. Viele Kinder meinten sofort, sie fühlten ein Kribbeln oder Prickeln.

Vogel bemerkte, dass diejenigen Kinder, die die stärksten Empfindungen hatten, besonders konzentriert bei der Sache waren. Sobald sie das Kribbeln fühlten, forderte Vogel sie auf: »Entspannt euch jetzt vollständig und fühlt das Geben und Nehmen von Kraft. Wenn ihr spürt, wie die Kraft pulsiert, bewegt eure Hand leicht über dem Blatt auf und ab.« Die jungen Experimentatoren konnten schon bald deutlich sehen, dass die Blätter sich bei jeder Abwärtsbewegung leicht nach unten bogen. Wenn sie die Auf-und-ab-Bewegung fortsetzten, begannen die Blätter, auf und ab zu schwanken. Wenn sie beide Hände dabei benutzten, konnten sie eine ganze Pflanze in »Bewegung« versetzen. Je mehr Zutrauen sie fassten, desto weiter hieß Vogel sie, sich von der Pflanze zu entfernen.

»Dies ist das Grundtraining«, meinte Vogel, »um ein erweitertes Bewusstsein von einer unsichtbaren Kraft zu entwickeln. Wenn sie sich dieser Kraft einmal bewusst geworden sind, werden sie sehen, dass sie auch damit umgehen können.«

Nach Vogel sind Erwachsene dabei weit weniger erfolgreich als Kinder, darum vermutet er, dass viele Wissenschaftler nicht imstande sein werden, seine oder Backsters Versuche im Laboratorium zu wiederholen. »Wenn sie die Versuchsanordnung nur rein mechanisch aufbauen«, sagt Vogel, »und mit ihren Pflanzen nicht wirklich ›in Beziehung treten‹, sie nicht als Freunde behandeln, werden sie scheitern. Ausschlaggebend ist es, geistig offen zu sein und alle vorgefassten Meinungen beiseite zu lassen, bevor man mit den Versuchen beginnt.« Tatsächlich hatte ein Arzt, der bei der California Psychical Society arbeitete, Vogel erzählt, dass er keinen einzigen Erfolg verzeichnen könne, obwohl er monatelang experimentiert habe. Das gleiche gilt für einen der bekanntesten Psychoanalytiker in Denver.

»Hunderte von Forschern in ihren Laboratorien in aller Welt werden ebenso enttäuscht und frustriert sein wie diese beiden Männer«, meint Vogel, »bis sie begreifen, dass der *Schlüssel* die gegenseitige Einfühlung (Empathie) zwischen Pflanze und Mensch ist, und bis sie gelernt haben, wie sie diese herbeiführen können. Keine noch so große Zahl von Überprüfungen in Laboratorien wird irgendetwas beweisen, bis die Versuche nicht von richtig ausgebildeten Beobachtern durchgeführt werden. Eine spirituelle Entwicklung ist unumgänglich. Aber dies verstößt gegen die Überzeugungen und Prinzipien vieler Wissenschaftler, die sich nicht darüber im klaren sind, dass schöpferisches Experimentieren bedeutet, dass *die Experimentatoren Teil ihres Versuchs werden müssen.*«

Hier zeigt sich die unterschiedliche Arbeitsweise von Vogel

und Backster. Vogel übt eventuell eine Art hypnotischer Kontrolle über seine Pflanzen aus, während Backster behauptet, dass seine Pflanzen, die er völlig sich selbst überlässt, ganz normal auf ihre Umgebung reagieren.

Vogel behauptet, dass allein die Tatsache, dass jemand mit einer Pflanze in Kontakt kommen *kann*, noch keine Gewähr für ein positives Ergebnis bietet. Er bat einen seiner Freunde – einen Psychiater, der gekommen war, um selbst zu sehen, ob diese Pflanzenforschung greifbare Ergebnisse liefert –, ein starkes Gefühl auf ein Philodendron zu übertragen, das viereinhalb Meter entfernt stand. Die Pflanze reagierte sofort sehr stark, aber dann war plötzlich wieder alles »tot«. Vogel fragte den Freund, woran er gedacht habe. Dieser antwortete, er habe Vogels Pflanze in Gedanken mit seinem eigenen Philodendron zu Hause verglichen und dabei gedacht, wie viel schöner seine Pflanze doch sei. Mit diesem wenig schmeichelhaften Urteil hatte er Vogels Philodendron offensichtlich so sehr verletzt, dass es sich weigerte, an diesem Tage noch mal zu reagieren; ja, es schmollte tatsächlich beinahe zwei Wochen lang. Für Vogel bestand kein Zweifel daran, dass Pflanzen eine ausgeprägte Abneigung gegen bestimmte Menschen entwickeln können, oder besser, gegen das, was diese Menschen denken.

Sollte sich das als wahr erweisen, hält Vogel es für möglich, eines Tages die Gedanken einzelner Menschen durch Vermittlung einer Pflanze lesen zu können. Etwas in dieser Richtung war bereits geschehen. Vogel hatte einen befreundeten Atomphysiker gebeten, in Gedanken an einem technischen Problem zu »arbeiten«. Während seine Versuchsperson nachdachte, zeichnete die Pflanze einhundertachtzehn Sekunden lang eine Reihe von Kurven auf. Als der Schreibstift zur Grundlinie zurücksank, verkündete Vogel seinem Freund, dass er jetzt seinen Gedankengang unterbrochen habe. Der konnte das nur bestätigen.

Vogel hätte gerne gewusst, ob dieses Diagramm tatsächlich einen Denkprozess eingefangen hatte. Deshalb bat er den Physiker nach einigen Minuten, an seine Frau zu denken, und wieder »produzierte« die Pflanze ihre Kurven, diesmal einhundertfünf Sekunden lang. Es schien Vogel, als würde die Pflanze, hier vor seinen Augen, in seinem Wohnzimmer, die Gedanken des Mannes aufnehmen und aufzeichnen. Wenn es gelänge, diese Kurven zu interpretieren, könnte man dann nicht wissen, woran er dachte?

Nach einer Kaffeepause bat Vogel seinen Freund möglichst beiläufig, noch einmal auf die gleiche Art wie zuvor an seine Frau zu denken. Die Pflanze zeichnete wieder einhundertfünf Sekunden lang Kurven auf, die im Muster den ersten sehr ähnelten. Vogel erlebte hier zum ersten Mal, dass eine Pflanze ein derartiges Gedanken-Diagramm nicht nur aufzeichnen, sondern auch wiederholen kann.

»Wenn wir solche Versuche weiterverfolgen«, erklärte Vogel, »könnten wir einen Weg finden, um die Energien, die dem Denken eines Menschen entspringen, technisch zu identifizieren, zu übersetzen und sie einem noch nicht erfundenen Apparat wieder einzugeben. Ein ganzer Abend verwickeltsten Nachdenkens könnte so analysiert werden.«

Als Vogel eine Gruppe skeptischer Psychologen, Ärzte und Computerprogrammierer bei sich zu Besuch hatte, bat er sie, seine Apparaturen auf versteckte Zusatzgeräte und Tricks hin zu untersuchen, die ihrer Meinung nach unbedingt vorhanden sein mussten. Danach forderte er sie auf, sich in einem Kreis hinzusetzen und sich miteinander zu unterhalten, um zu sehen, wie und worauf die Pflanze reagieren würde. Eine Stunde lang sprach die Gruppe über die verschiedensten Themen, ohne dass die Pflanze merklich reagiert hätte, und sie wollten das Ganze schon als Schwindel erklären, als einer sagte: »Wir könnten noch über Sex reden.« Zu ihrer aller Überraschung wurde die Pflanze da plötzlich aktiv, und die Schreibfeder hüpfte wild auf dem Papierstreifen hin und her. Diese Beobachtung ließ einige vermuten, dass ein Gespräch über Sex möglicherweise in der Atmosphäre eine Art sexueller Energie freisetzt – vergleichbar dem von Wilhelm Reich entdeckten und beschriebenen »Orgonen« – und dass die Fruchtbarkeitsriten, bei denen auf frisch gesäten Feldern Geschlechtsverkehr ausgeübt wurde, tatsächlich die Pflanzen zum Wachstum angeregt haben könnten.

Die Pflanze reagierte auch auf unheimliche Geschichten, die in einem verdunkelten, nur von einer rot abgeschirmten Kerze erhellten Raum erzählt wurden. Bei gewissen Passagen der Erzählung, wie etwa »Langsam öffnete sich die Tür der geheimnisvollen Hütte im Walde«, »Plötzlich schlich ein fremder Mann mit einem Messer in der Hand um die Ecke« oder »Karl bückte sich und hob den Deckel des Sarges …«, schien die Pflanze direkt aufzumerken. Vogel sah darin einen Beweis dafür, dass Pflanzen »Phantasiegebilde« einschätzen können, wenn sie von einer ganzen Gruppe gemeinsam in Energie umgewandelt werden.

Dr. Hal Puthoff, ein Physiker am Stanford Research Institute in Palo Alto, lud Vogel und fünf weitere Wissenschaftler ein, seinen Versuchen beizuwohnen und mit anzusehen, welche Effekte er erzielte, wenn er ein Hühnerei an ein Elektro-Psychometer, kurz »E-Meter« genannt, anschloss. Der E-Meter, den L. Ron Hubbard, der Gründer der Scientology, entwickelt hatte, funktioniert praktisch genauso wie der Psychoanalysator, den Vogel und seine Studenten zuerst verwendet hatten. Puthoff wolle ihnen vorführen, dass das am E-Meter angeschlossene Ei reagiert, wenn ein anderes Ei aufgeschlagen wird. Er schlug nacheinander drei Eier auf, aber nichts geschah. Vogel fragte Puthoff, ob er es einmal versuchen dürfe. Er hielt seine Hand über ein Ei und setzte sich mit ihm in Verbindung – so wie er gelernt hatte, sich mit seinen Pflanzen in Verbindung zu setzen. Nach einer Minute begann sich der Zeiger an der Galvanometerskala des E-Meters zu bewegen und blieb schließlich stehen. Vogel ging drei Meter zurück und brachte den Zeiger zum Kreisen, indem er seine Hände öffnete und schloss. Obwohl Puthoff und einige andere Anwesende versuchten, es ihm gleichzutun, konnte keiner einen Erfolg verzeichnen.

Die Bewegung des Zeigers, von der man ursprünglich angenommen hatte, sie werde durch Schwankungen im elektrischen Widerstand der Haut des an die Elektroden angeschlossenen Menschen ausgelöst, wird gewöhnlich Galvanische Hautreaktion *(Galvanic Skin Response)* genannt, abgekürzt GSR. Da Pflanzen jedoch keine Haut im Sinne menschlicher Haut haben, wurde der Begriff für den Effekt bei Pflanzen in Psycho-Galvanische Reaktion (PGR) abgeändert.

»Die PGR«, sagt Vogel, »gibt es nicht nur bei Pflanzen, sondern bei allen Formen des Lebendigen. Durch die leitende Funktion des Gehirns kann diese Energie gebündelt und auf Befehl in einer Reihe von Kraftimpulsen abgegeben werden, die Glas, Metall oder andere Materialien durchdringen. Niemand weiß bis jetzt genau, was für eine Energie das eigentlich ist.«

Das russische Medium Nina Kulagina kann eine Kompassnadel ohne irgendwelche mechanischen Hilfsmittel in Bewegung versetzen. Allerdings muss sie dabei ihre Hände in der Nähe des Kompasses bewegen. Noch eindrucksvollere Kunststücke wurden an der Stanford-Universität demonstriert, besonders von dem bemerkenswerten Sensitiven Ingo Swann, der seinen Erfolg Techniken zuschreibt, die er durch die Scientologie erlernt hat. Allein mit seiner Willenskraft vermochte Swann einen Mechanismus zu beeinflussen, der sich in der hermetisch abgeschirmten Versuchskammer der Universität befand: tief unter der Erde eingegraben und umschlossen von flüssigem Helium, undurchdringlich für alle bekannten Wellenlängen des elektromagnetischen Spektrums. Die theoretischen Physiker, die ihm bei dieser eigentlich unmöglichen Leistung zusahen, konnten nur staunen.

Vogel betont, das Pflanzenversuche außerordentlich gefährlich sein können für jemanden, der nicht die Fähigkeit besitzt, seine Bewusstseinszustände angemessen zu verändern.

»Niemand«, warnt Vogel, »der nicht körperlich gesund ist, sollte auf diese Weise mit Pflanzen experimentieren oder irgendeine andere Art parapsychologischer Forschung betreiben.« Obwohl er es nicht beweisen kann, meint Vogel, dass eine besondere Diät aus Gemüse, Früchten und Nüssen, reich an Mineralsalzen und Proteinen, hilft, die für eine solche Arbeit notwendige Energie aufzubauen. »Man bezieht Energie ›auf hohem Niveau‹, und da muss man richtig ernährt sein.«

Befragt, wie denn diese höheren Energien, zum Beispiel Gedanken, auf die Körper lebender Organismen einwirken können, antwortet Vogel, er habe angefangen, sich mit den merkwürdigen Eigenschaften des Wassers zu befassen. Als Kristallographie-Fachmann interessiert ihn die Tatsache, dass Kernproben aus Gletschereis – anders als die meisten Salze, die nur eine kristalline Form besitzen – über dreißig verschiedene Kristallformen zeigen. »Wenn jemand, der davon keine Ahnung hat, sie zum ersten Mal anschaut«, sagt Vogel, »könnte er zu dem Schluss kommen, er habe ebenso viele verschiedene Substanzen vor sich. Und in gewisser Weise hätte er sogar recht, denn Wasser ist wirklich ein Geheimnis.«

Vogel meint – aber er betont, dass dies noch keineswegs bewiesen sei –, dass die Lebens-Kraft einer Person irgendwie in Zusammenhang stehen muss mit ihrer Perspirationsrate, da ja alles Lebendige einen hohen Wassergehalt aufweist. Während das Wasser sich im Körper und durch die Poren bewegt, werden Ladungen aufgebaut. Den ersten Hinweis auf sein »Wasserpostulat« lieferte ihm die Tatsache, dass einige Medien während der Sitzungen, in denen sie ihre parapsychische oder Lebens-Energie verströmten, mehrere Pfunde Körpergewicht verloren. »Wenn wir jemanden, der sich mit parapsychologischer Forschung beschäftigt, ›nach seiner Arbeit‹ auf einer Präzisionswaage wiegen könnten«, behauptet Vogel, »würden wir in jedem Fall einen Gewichtsverlust feststellen. Es handelt sich dabei um einen Verlust an Wasser, den alle kennen, die eine Blitz-Abmagerungskur machen.«

Um eine Zusammenfassung über die Bedeutung seiner Pflanzenversuche gebeten, gab Vogel zur Antwort: »Die meisten unserer Leiden und Schmerzen rühren von unserer Unfähigkeit her, Spannungen und Verkrampfungen in uns zu lösen. Wenn wir glauben, nicht anerkannt zu werden, steigern wir uns in ein Minderwertigkeitsgefühl hinein. Dadurch baut sich eine innere Spannung auf, die sich, wie Wilhelm Reich schon erkannt hat, in Muskelverspannung ausdrückt, und, wenn sie nicht gelöst wird, das Energiefeld des Körpers erschöpft und seine chemischen Funktionen verändert. Meine Pflanzenforschung weist einen gangbaren Weg zur Lösung dieses Problems.«

Zwei junge Kalifornier, die Kulturpsychologie und Hindu-Philosophie studiert haben, Randall Fontes und Robert Swanson, haben Vogels Vorstoß auf unerforschtes Gebiet weiterverfolgt. Sie verwendeten ausgeklügelte Apparaturen, die ihnen der IBM-Forscher lieh, und machten eine Reihe so überraschender Entdeckungen, dass ihnen von angesehenen Universitäten Geld und Ausrüstung zur Verfügung gestellt wurden, damit sie weiter in die Geheimnisse der pflanzlichen Kommunikation eindringen können.

Fontes und Swanson machten ihre erste Entdeckung mehr oder weniger zufällig: Einer von ihnen bemerkte, dass die Pflanze das Gähnen des Freundes als Energieimpuls registrierte. Anstatt dieses Phänomen als kuriose Nebensächlichkeit zu betrachten, gingen die beiden Studenten diesem Fingerzeig nach; sie erinnerten sich nämlich, dass in alten Hindu-Texten die Rede davon ist, dass starkes Gähnen ein Mittel sei, um sich wieder mit belebender *Shakti* aufzuladen, einer Energie, die angeblich das ganze Universum erfüllt.

Mit Hilfe von Norman Goldstein, Biologieprofessor an der Staatlichen Universität in Hayward, Kalifornien, entdeckte Fontes ein elektrisches Potential, das sich in einem Kletter-Philodendron von Zelle zu Zelle fortpflanzte – ein starkes Indiz für das Vorhandensein eines einfachen Nervensystems, wie man es bisher nicht vermutet hatte. Daraufhin wurde Fontes aufgefordert, die Leitung eines Projekts einer wissenschaftlichen Stiftung für freie Forschung in San Antonio, Texas, zu übernehmen, und die Einflüsse menschlichen Bewusstseins auf lebende Organismen zu studieren. Swanson hilft beim Aufbau eines parapsychologisch orientierten Beratungszentrums an der John-F.-Kennedy-Universität in Martinez, Kalifornien.

3
Pflanzen, die Türen öffnen

Der nächste, der die Geheimnisse der pflanzlichen Kommunikation eingehender untersuchte, war ein »Fachmann für Elektronik« aus West Paterson, New Jersey, der Backster zufällig am Radio hörte, als dieser in einer Sendung von Long John Nebel interviewt wurde. Pierre Paul Sauvin hatte sich einerseits intensiv mit der Erforschung von ASW und Mentalhypnose befasst, war aber andererseits aufgrund seiner Ausbildung und Tätigkeit – er arbeitete unter anderem bei Aerospace und ITT (International Telefone and Telegraph) – auch wohlvertraut mit den theoretischen und praktischen Seiten des Ingenieurberufs.

Long John – ein Skeptiker aus Prinzip – versuchte, Backster in Verlegenheit zu bringen, indem er ihn aufforderte, einige praktische Anwendungsmöglichkeiten für seine Entdeckung der Primär-Wahrnehmung bei Pflanzen zu nennen. Daraufhin rückte Backster mit dem phantastisch anmutenden Vorschlag heraus, im Dschungelkrieg davon Gebrauch zu machen. Nach seiner Meinung böte sich Soldaten in gefährlicher Mission die Möglichkeit, die Pflanzen der Umgebung »anzuzapfen« und mit Hilfe dieser »Gefahrenanzeiger« einen Hinterhalt zu entdecken. »Wenn Sie aber einen Psychologen wirklich verblüffen wollen«, meinte Backster, »dann schließen Sie eine Pflanze doch so an, dass sie eine kleine elektrische Eisenbahn in Bewegung setzt, und nur menschliche Empfindungen eine Änderung der Fahrtrichtung bewirken können.«

Obwohl diese Versuchsanordnung völlig utopisch war, ließ sie sich in Sauvins Elektroniker-Fachjargon als »Schreckreaktionstransformation« übersetzen und regte seine Phantasie derart an, dass er seine Junggesellenwohnung in eine Zauberhöhle voller elektronischer Apparate verwandelte.

Sauvin behauptete, dass ihm zahlreiche Einfälle und Ideen für seine Erfindungen in blitzartigen, medialen Eingebungen kommen, so als ob er lediglich Werkzeug oder Mittler sei. Er erhalte manchmal alle für eine Erfindung notwendigen Angaben, ohne ganz zu verstehen, worum es sich letztlich handelt, und ohne die größeren Zusammenhänge überblicken zu können. In solchen Fällen muss er das »Außerbewusste« um nähere Einzelheiten bitten. Auf diese Weise hat er ein System entwickelt, mit dem er *jeden*, auch den Widerspenstigsten, zu hypnotisieren verspricht. Die Versuchsperson wird in einem stockdunklen Raum auf eine schwankende Plattform gestellt, vor ihren Augen flimmern regenbogenfarbene Lichtgebilde – bis sie schließlich jedes Gleichgewichtsgefühl verliert.

Bei seinen umfassenden Fachkenntnissen dauerte es auch nicht lange, und eine elektrische Spielzeugeisenbahn drehte in seinem Zimmer ihre Runden; ihre Richtung änderte Sauvin durch nichts anderes als seine einer Pflanze übermittelten Gedanken und Empfindungen. In Madison, New Jersey, führte er dieses »Kunststück« einem Publikum von etwa sechzig Personen erfolgreich vor. Doch nicht nur das: Auch unter den Jupiterlampen eines Fernsehstudios gelang es ihm, den Zug nach Wunsch abfahren und anhalten zu lassen.

Die Lokomotive schaltete auf ihrem Weg eine Leitung zu Sauvins Körper, so dass dieser einen kräftigen elektrischen Schlag erhielt. Nur wenig entfernt von diesem ersten »Auslöser« befand sich auf der Schiene ein weiterer Schalter, der mit einem an ein gewöhnliches Philodendron angeschlossenen Galvanometer verbunden war. Sobald das Philodendron Sauvins Reaktion auf den Elektroschock empfing, schlug die Galvanometernadel aus, betätigte dabei den Schalter, und der Zug fuhr in die andere Richtung. Später beschränkte sich Sauvin darauf, den Schock lediglich in Gedanken nachzuempfinden und der Pflanze zu übermitteln, damit diese den Schalter betätigte.

Obwohl Sauvin sich seit langem für Parapsychologie interessierte und ihn die psychologischen Möglichkeiten faszinierten, die sich daraus ergaben, dass eine Pflanze auf menschliche Gedanken und Gefühle reagierte, beschäftigte er sich doch vor allem damit, ein absolut zuverlässig funktionierendes Pflanzen-Gerät zu entwickeln, das von jedermann bedient werden konnte. Für Sauvins Zweck war es nebensächlich, ob eine Pflanze vernunftbegabt oder empfindungsfähig war – er musste sich lediglich darauf verlassen können, dass sie seine emotionellen Signale empfing und den Schalter betätigte. Wenn Sauvin auch nicht wusste, ob Pflanzen ein »Bewusstsein« haben, so war er doch überzeugt, dass sie ein Kraftfeld besitzen, das dem von Menschen erzeugten Kraftfeld ähnelt und dass die Wechselwirkung dieser Felder irgendwie genutzt werden kann. Die Schwierigkeit bestand darin, ein Gerät zu entwickeln, das empfindlich genug war, dieses Phänomen wirklich zuverlässig zu nutzen.

Bei der Lektüre der unzähligen Zeitschriften, die ihm als Autor von Fachartikeln für ITT auf den Schreibtisch gelegt wurden, stieß Sauvin in der Zeitschrift *Popular Electronics* auf eine Artikelserie über ungewöhnliche elektronische Stromkreise und ausgefallene Waffensysteme. Verfasser dieser Reihe war ein gewisser L. George Lawrence. Der Autor, dem es die russische Erfindung einer Abrichtungsmethode angetan hatte, mit der Katzen dazu gebracht werden können, unablenkbare Luft-Luft-Raketen direkt ins Ziel zu steuern, liebäugelte in seinem Artikel damit, Pflanzen so zu programmieren, dass sie auf bestimmte Gegenstände und Bilder reagieren – wobei er offenbar ähnliche Zwecke verfolgte wie die Russen mit den Katzen. Lawrence, von dem man munkelt, er sei ein hoher Regierungsbeamter, der sich mit Fragen der nationalen Sicherheit befasse und unter einem Pseudonym schreibe, ist in Europa geboren und von Beruf Ingenieur; er war Professor am San Bernardino College in Kalifornien und arbeitet zurzeit als Leiter seines eigenen unabhängigen Forschungsinstituts.

Doch die Herstellung der einzelnen Teile für eine so ausgeklügelte Apparatur wie die von Lawrence würde sehr viel Geld und Zeit verschlingen. Denn wenn auch die reinen Materialkosten gering sind: man konnte die Teile leider nirgends kaufen. Aber Sauvin hatte Glück und stieß per Zufall auf die passenden Teile – einige phasenrückkopplungsblockierte, in mikroelektronische Silikonplatten eingelassene Diskriminatoren, die man im Labor weggeworfen hatte, weil sie den Weltraumanforderungen an die Temperaturbeständigkeit nicht genügten.

Aus diesen »Abfällen« baute Sauvin eine Messbrücke, wobei er zur Messung des elektrischen Potentials Wechselstrom anstelle von Gleichstrom verwendete, und einen automatischen Verstärkungsregler, mit dessen Hilfe er hoffte, die kleinsten Veränderungen im Kraftfeld der Pflanzen feststellen zu können. Die auf diese Weise erzielte Empfindlichkeit war hundertmal größer als jene von Backsters Galvanometer; außerdem fiel das störende elektronische »Rauschen« weitgehend weg.

Sauvin maß nicht mehr die Spannungsamplitude, sondern die Phasenverschiebung oder die winzige Differenz zwischen zwei Spannungsverläufen. Auf diese Weise erhielt er ein Instrument, das in etwa mit einem Verdunkelungsschalter vergleichbar ist, wobei das Blatt der Pflanze die Funktion des Schalters übernimmt. Veränderungen des manifesten Widerstandes im Blatt würden dazu führen, dass das Licht stärker oder schwächer aufflammt – je nach Reaktion der Pflanze auf äußere Einwirkungen.

Sobald sein Apparat funktionierte, überwachte Sauvin seine Pflanzen Tag und Nacht. Um die kleinsten Nuancen der Phasenverschiebung erfassen zu können, verband er die Pflanzen mit einem Oszillographen. Auf dem Leuchtschirm der Elektronenstahlröhre erschien dann eine helle 8, deren Schleifen ihre Form laufend veränderten – entsprechend den Veränderungen der von der Pflanze ausgehenden Impulse. Das dabei entstehende Muster hatte große Ähnlichkeit mit dem Flattern von Schmetterlingsflügeln. Gleichzeitig erzeugte ein durch einen Tongenerator mit Verstärker geleiteter Strom einen Ton von unterschiedlicher Stärke, der es Sauvin ermöglichte, winzige Schwingungsänderungen zu hören und auf diese Weise festzustellen, wie seine Pflanzen reagierten. Eine Batterie von Tonbandgeräten zeichnete diesen oszillierenden Ton fortlaufend auf, ebenso ein jede Sekunde wiederkehrendes monotones »Piep«, das von einem internationalen Zeitzeichensender ausgestrahlt wurde. Mit Hilfe einer Stoppuhr war Sauvin in der Lage, die Wirkung zu kontrollieren, die er aus einiger Entfernung – von der Straße, aus seinem Büro oder seinem Ferienort – auf seine Pflanzen ausübte.

Einige Apparate aus Sauvins Zauberhöhle kamen nun zu Ehren, vor allen Dingen ein kompliziertes System von automatischen Telefonanrufbeantworter- und Aufzeichnungsgeräten. Jahrelang hatte Sauvin Nachtarbeit geleistet und für verschiedene Fachzeitschriften Artikel verfasst – unter Verwendung verschiedener Pseudonyme und unter Beibehaltung seiner regulären Tätigkeit. Da er sein Geheimnis nicht preisgeben und auch nicht das Missfallen seiner Brötchengeber bei ITT erregen wollte, hatte er, um dennoch mit seinen Verlegern konferieren und ihre Fragen jederzeit beantworten zu können, ein geniales System entwickelt. Mit Hilfe eines kleinen Radiosenders, den er am Bein befestigt hatte, und einer Reihe von vollautomatischen, vorprogrammierten Tonbandgeräten bei sich zu Hause, konnte er über sein Heimtelefon Anrufe entgegennehmen und Fragen beantworten – alles von seinem Schreibtisch bei ITT aus. Damit die verschiedenen Verleger vom Automaten identifiziert werden konnten, griff Sauvin zu höchst einfachen Tricks: Zum Beispiel fährt einer der Verleger nahe der Sprechmuschel mit dem Finger über einen Taschenkamm, erzeugt damit eine charakteristische Schallwelle und löst so beim Automaten die richtige Antwort aus. Um seine eigenen, leise geführten Unterhaltungen am Schreibtisch zu kaschieren, machte Sauvin es sich zur Gewohnheit, bei der Arbeit vor sich hin zu summen, was ihm bald den Spitznamen »der Summer von ITT« eintrug.

Diese grotesk-komplexe Apparatur leistete Sauvin hervorragende Dienste bei der ferngesteuerten Kommunikation mit seinen Pflanzen. Er konnte bei sich daheim anrufen und direkt mit ihnen sprechen; er konnte ihre Reaktionen überwachen und unabhängig davon, wo er sich gerade aufhielt, Licht, Farbe, Temperatur oder die Aufnahmeapparaturen in seinen vier Wänden kontrollieren.

Allmählich erkannte Sauvin, ebenso wie Vogel, dass er dann die besten Ergebnisse erzielte, wenn er zu der Pflanze, die er mit Elektroden verbunden hatte, eine besondere mentale Beziehung herstellte. Das erreichte er, indem er sich in leichte Trance versetzte, sich positiv auf die Pflanze einstellte, sanft und liebevoll ihre Blätter berührte oder abwischte, bis er fühlte, dass seine eigenen Energieströme diejenigen der Pflanze durchdrangen und sich mit ihnen mischten.

Wie Backster entdeckte auch Sauvin, dass seine Pflanzen am heftigsten auf den Tod lebender Zellen in ihrer Umgebung reagierten, und zwar vor allem auf das Absterben menschlicher Zellen. Auch stellte er im Laufe seiner zahlreichen Experimente fest, dass ein leichter elektrischer Schlag, den er sich selbst zufügte, das einfachste Signal war, das er auf außersinnlichem Wege seinen Pflanzen übermitteln konnte und auf das sie heftig genug reagierten. Die Methode, die er dabei anwandte, war höchst einfach: Er drehte sich ein paarmal mit seinem Schreibtischsessel herum und entlud dann die akkumulierte statische Elektrizität, indem er mit seinen Fingern den Metallschreibtisch berührte. Die Pflanzen – einige Kilometer entfernt – reagierten sofort mit einem Ausschlag, selbst wenn Sauvin nur an den Schlag dachte oder ihn nachempfand. Die Pflanzen empfingen das Signal sogar, wenn er sich in seinem Ferienhäuschen aufhielt, das hundertdreißig Kilometer nördlich von seinem Labor in West Paterson lag.

Sauvins größtes Problem war nach wie vor die Frage, wie er die Pflanzen strikt auf seine Person einstellen konnte, wenn er mehrere Tage fort war. Er musste einen Weg finden, die Aufmerksamkeit seiner Pflanzen noch wirkungsvoller als durch Ferngespräche auf sich zu ziehen. Nachdem die Reaktion der Pflanzen besonders heftig war, wenn er sich oder einem Teil seines eigenen Kraftfeldes eine Verletzung zufügte, machte er den Versuch, *aus der Ferne* einige Zellen seines Körpers *in der Nähe* der Pflanzen zu töten. Die Methode funktionierte vorzüglich. Schwierig war lediglich, Zellen zu finden, die längere Zeit am Leben blieben. Blutkörperchen leisteten da gute Dienste, Haare ließen sich schlecht »töten«, am allerbesten aber klappte es mit Spermen; außerdem waren sie, wie Sauvin erklärte, leichter – und wesentlich schmerzloser – zu gewinnen als Blut.

Diese Experimente ließen in Sauvin die Frage aufkommen, ob Pflanzen nicht ebenso auf »positive« Gefühle, etwa Glück oder Freude, reagieren können wie auf Schreck und Schmerz. Er war die ewigen Schocks leid, die er sich ständig zufügen musste. Es zeigte sich rasch, dass Sauvins Pflanzen sehr wohl auf Freude und Glück reagierten, dass aber die Wellenbilder nicht ausgeprägt genug waren, um einen Schalter wirklich zuverlässig zu betätigen. Unverdrossen entschloss sich Sauvin zu einem gewagteren Experiment. Während seines Urlaubs, den er mit einer Freundin in seinem Häuschen am See verbrachte, stellte er fest, dass seine Pflanzen, hundertdreißig Kilometer entfernt, sehr schrille Töne auf dem Tongenerator erzeugten, wenn er sich dem sexuellen Höhepunkt näherte, wobei sie sich im Augenblick des Orgasmus überschlugen. Das war alles recht interessant. Auch ließ sich damit gewiss ein kommerziell auswertbares Gerät entwickeln, mit dem eifersüchtige Ehefrauen ihre Männer auf Abwegen mittels einer Topfbegonie überwachen konnten. Doch hatte er damit noch keineswegs eine einfache und zuverlässige Methode gefunden, wie er die Pflanze dazu bringen konnte, konsequent einen Schalter zu betätigen.

Für Sauvin war es gar keine Frage, dass er eine Pflanze aus der Ferne beeinflussen konnte; aber er konnte sich nicht auf das System verlassen, wenn es darum ging, wirklich differenzierte und fehlerfreie Messungen durchzuführen, da seine Pflanze jederzeit auch auf einen Reiz in ihrer unmittelbaren Umgebung reagieren konnte, wie zum Beispiel das plötzliche Erscheinen einer Katze im Zimmer oder eines Vogels vor dem Fenster. Um derartige Zwischenfälle zu vermeiden, schloss Sauvin drei Pflanzen, die er in drei verschiedenen Räumen aufgestellt hatte, an einen einzigen Schaltkreis an. Die Pflanzen befanden sich somit in unterschiedlicher Umgebung, und der Schaltkreis wurde nur dann betätigt, wenn alle drei Pflanzen synchron reagierten. Sauvin hoffte, dass der notwendige Stimulus nur dann synchron wirken würde, wenn er von *ihm* ausging, egal, wo er gerade war. Auch damit hatte er noch keine absolut sichere Methode gefunden, denn es konnte vorkommen, dass die eine oder andere Pflanze nicht voll und ganz auf den ausgesendeten Impuls reagierte. Doch es war ein Fortschritt, dass die Pflanzen nun nicht mehr von einem *zufälligen* Reiz *gleichzeitig* betroffen werden konnten.

Sauvin versuchte nun, die Ergebnisse seiner Untersuchungen und Experimente einem größeren Publikum zugänglich zu machen. Aber in einem Land, in dem sich die Verantwortlichen in Regierung und Industrie weit mehr für die Entwicklung hochspezialisierter Offensivwaffen und die Möglichkeiten der Gedankenkontrolle interessieren als für die merkwürdige Vorstellung, ein Zwiegespräch mit der Natur zu führen, bereitete es Sauvin große Schwierigkeiten, einen Gönner bzw. ein Publikum zu finden.

Da es ihm nicht gelang, die Massenmedien oder so konservative Zeitschriften wie *Science* oder *Scientific America* für seine Experimente zu interessieren, beschloss er, sein Material jenen Fachzeitschriften für Maschinenbau und Technik zur Verfügung zu stellen, für die er schon seit jeher regelmäßige Beiträge verfasst hatte. Um den Herausgeber einer Automobilrevue für sich zu gewinnen, erfand Sauvin die Geschichte von einem Apparat, der es möglich machen würde, seinen Wagen per Fernsteuerung anspringen zu lassen – und zwar mittels Gedankenübertragung auf eine Pflanze. Mit einem kleinen Radiosender ließ sich das auch recht einfach bewerkstelligen. Technische Schwierigkeiten bereitete lediglich die Konstruktion eines Geräts, mit dem der genau richtige Druck auf den Zündschlüssel ausgeübt werden konnte; außerdem musste man diesen Druck wiederholen können, wenn der Wagen nicht gleich ansprang, ihn jedoch sofort abstellen können, sobald der Motor lief.

Mit diesem Gerät bot sich Sauvins Mitbürgern die Möglichkeit, an einem klirrend kalten Morgen aufzustehen und Motor und Heizung bereits laufen zu lassen, während man noch gemütlich beim Frühstück saß. Für Sauvin hatte die Geschichte nur einen Haken: das Gerät ließ sich direkt über Funk steuern. Um seine geliebten Pflanzen doch noch mit ins Spiel zu bringen *und* ein Gerät zu schaffen, das für Auto- und Heimbesitzer von Interesse war, entwickelte Sauvin ein System, mit dessen Hilfe sich Garagentüren öffnen ließen. Wenn ein Mann mitten in der Nacht bei Eis und Schnee heimkehrte, musste er nur seinem Lieblingsphilodendron ein Zeichen geben, und schon öffnete sich das Tor. Diese Methode hatte noch den großen Vorteil, dass sie phantastisch einbruchssicher war, da die Pflanze einzig auf ihren Herrn und Meister reagierte.

Um auch das Interesse ernst zu nehmender Wissenschaftler zu wecken, die vielleicht bereit waren, ihm die nötigen Geldmittel für ein richtiges Labor zur Verfügung zu stellen, verfiel Sauvin auf die Idee, zu zeigen, dass ein Flugzeug mit Hilfe seiner an die empfindlichen Geräte angeschlossenen Pflanzen durch Gedankensteuerung geflogen werden kann. Seit Jahren war es Sauvins Steckenpferd gewesen, Modellflugzeuge zu bauen, von denen einige eine Flügelspannweite von einem Meter achtzig aufwiesen. Sauvin, der bereits im Besitz eines Flugpatents war, steuerte seine Vögel per Funksignal vom Boden aus, ließ sie Schräg- und Sturzflüge absolvieren, Loopings vollführen, mit größter Geschwindigkeit dahinsausen, das Tempo abbremsen und sogar landen. Eine geringfügige Änderung an seiner Sendeanlage ermöglichte es ihm, den Motor seines Modellflugzeugs anzulassen, abzustellen und die Drehzahl während der Flugs zu beeinflussen – und das alles, indem er seine Gedanken einer Pflanze übermittelte.

Nach Sauvin bot die Sensibilität der Pflanzen auch die Möglichkeit, einen Flugzeugentführer in spe bereits auf dem Flughafen zu entlarven, noch bevor der Verbrecher an Bord gehen und die Passagiere gefährden konnte. Er regte das »Unternehmen Skyjack« an, ein Verfahren, bei dem Pflanzen in Verbindung mit Galvanometern und anderen hoch empfindlichen Geräten eingesetzt werden können, um die innere Erregung zu registrieren, die ein Flugzeugentführer hinter seinem ruhigen und sicheren Auftreten verbirgt. Schließlich muss man nicht nur für die Sicherheit der Passagiere sorgen, sondern auch darauf achten, dass die Rechte der Bürger nicht durch eine unnötige Durchsuchung verletzt werden.

Die Armee der Vereinigten Staaten unterstützt dieses Projekt bereits; in Fort Belvoir, Virginia, wurden Gelder für die Pflanzenforschung zur Verfügung gestellt. Die Armee ist daran interessiert, Mittel und Wege zu finden, menschliche Gefühlsreaktionen mit Hilfe von Pflanzen messen zu können, die nicht vorher auf eine bestimmte Person »programmiert« werden müssen.

Auch die Marine zeigte sich interessiert. Eldon Byrd, ein Verfahrensanalytiker, der in der Abteilung für Vorausplanung und Analyse am Laboratorium für Schiffsartillerie in Silver Spring, Maryland, tätig ist, hat die Versuche Backsters mit einigem Erfolg wiederholt. Byrd ist Mitglied der American Society for Cybernetics und Seniormitglied des Institute for Electrical and Electronic Engineers. Er hat die Elektroden eines Polygraphen an die Blätter einer Pflanze angeschlossen und festgestellt, dass sich der Zeiger des Polygraphen bewegt, sobald die Pflanze auf verschiedene Reize reagiert. Wie Backster erkannte auch Byrd, dass allein der Gedanke, ein Blatt zu verletzen, genügt, um den Zeiger des Polygraphen ausschlagen zu lassen. Byrd führte unter anderem auch Experimente durch, bei denen er die Reaktion der Pflanze auf

Reize wie Wasser, infrarotes und ultraviolettes Licht, Feuer, starke physische Beanspruchung und Verstümmelung untersuchte.

Byrd ist der Ansicht, dass der von der Pflanze ausgelöste galvanometrische Effekt nicht auf den elektrischen Widerstand im Blut zurückzuführen ist, sondern durch eine Veränderung im elektrischen Spannungsgefälle der Zellen, die den Übergang von der Außen- zur Innenmembran ausmachen, hervorgerufen wird. Der schwedische Wissenschaftler L. Karlsson hat bewiesen, dass eine Zellgruppe ihre Popularität verändern kann, obwohl man die Kraft nicht kennt, die diese Polarisierung der Zellen verursacht. Byrd meint, dass die Spannungsänderung in den Zellen gemessen wird, und dass der Bewusstseinsmechanismus für diese Änderung im Spannungsgefälle verantwortlich ist.

Die Untersuchungen von Byrd bestätigen Backsters Beobachtungen, wonach Pflanzen eine gewisse Bewusstheit erkennen lassen und sich sehr gut in andere Organismen einfühlen können, die in ihrer näheren Umgebung stimuliert werden. Wie Backster sah sich auch Byrd bei seinen Versuchen mit der Schwierigkeit konfrontiert, dass die Pflanzen dazu neigen, »ohnmächtig« zu werden, wenn sie allzugroßem Stress ausgesetzt sind; sie reagieren dann plötzlich nicht einmal mehr auf die einfachsten Reize wie Licht und Temperatur. Nach Backster und Sauvin konnte nun auch Byrd im Fernsehen demonstrieren, wie eine Pflanze auf verschiedene Reize reagiert, zum Beispiel auf seine bloße *Absicht*, sie zu verbrennen. Es gelang Byrd, unter dem wachsamen Auge der Kamera, bei der Pflanze eine Reaktion auszulösen, indem er eine Spinne in einer kleinen Schachtel heftig durchschüttelte. Die Reaktion der Pflanze ließ eine Sekunde auf sich warten, dauerte dann jedoch eine ganze Minute lang. Auch wenn er das Blatt einer anderen Pflanze abschnitt, erfolgte eine sehr heftige Reaktion.

Byrd weiß nicht, wie man die deutlich erkennbaren Reaktionen der Pflanzen auf Gedanken des Menschen erklären könnte. Es bieten sich da die unterschiedlichsten und abenteuerlichsten Möglichkeiten an – Veränderungen im Magnetfeld der Erde, übernatürliche und spiritistische Phänomene, Vorgänge im Bioplasma etc. In einem Vortrag, den er im Jahre 1972 vor der American Society for Cybernetics hielt, berichtete Byrd von zahlreichen, in der Sowjetunion durchgeführten Versuchen, die sich mit der Gedankenübertragung durch »Bioplasma« beschäftigen, einer noch unerforschten Form der Energie.

Im Mai 1973 begann Byrd mit einem Versuch, bei dem die zarten Blätter der *Mimosa pudica*, die so empfindlich sind, dass sie sich schon bei der kleinsten Berührung zusammenrollen, an Instrumente angeschlossen werden. Byrd meint, dass er über einen dünnen Draht, der das Mimosenblatt kaum berührt, kleinste Veränderungen von Spannung und Widerstand mit Hilfe eines speziellen Verstärkers registrieren kann. Byrd arbeitet mit einem der besten Schreiber der Welt; dieser Schreiber lässt den Papierstreifen mit einer Geschwindigkeit von beinahe einem Meter pro Sekunde durchlaufen, und die Breite des Tintenstrichs beträgt nur wenige Mikron. Mit Hilfe dieser Apparaturen hofft Byrd, Reaktionen der Pflanzen feststellen zu können, die bis heute nicht bemerkt wurden.

Byrd beabsichtigt auch, mit einer niederen Meeresalge, *Acetabularia cremulata*, Versuche durchzuführen. Diese Alge besteht, obwohl sie fünf Zentimeter lang ist, nur aus einer einzigen Zelle. Wenn der »Backster-Effekt« auch bei dieser einzelligen Pflanze in Erscheinung tritt, will Byrd den Zellkern entfernen. Sind nach diesem Eingriff keine Reaktionen mehr zu verzeichnen, hofft Byrd, damit bewiesen zu haben, dass das genetische Material im Zellkern in erster Linie für die Reaktion der Pflanze verantwortlich ist.

Byrd verfügt außerdem über einen völlig neuartigen Polygraphen; ein Labor und zahlreiche technische Erleichterungen sollen ihm bei seinen Untersuchungen weiterhelfen. Tests, die mit diesem Gerät durchgeführt wurden, sollen angeblich mit einer Quote von 94,7 Prozent jene Leute ermittelt haben, die bei einer Befragung die Wahrheit sagten bzw. logen. Die Ergebnisse dieses

Geräts beruhen auf der Theorie, dass die menschliche Stimme sowohl hörbare Frequenzen, als auch unhörbare Frequenzmodulationen (FM) umfasst. Eine Ausnahme bildet die Stimme des unter Stress stehenden Menschen, aus der die unhörbaren FM-Vibrationen verschwinden. Wie die Erfinder des Geräts erklären, ist das Ohr nicht in der Lage, dies festzustellen, das Gerät hingegen kann solche Schwankungen aufzeichnen. Byrd versucht derzeit, den Apparat so umzubauen, dass er für die Arbeit mit Pflanzen eingesetzt werden kann.

In Japan wurde ein ähnlicher Polygraph zu einem Gerät entwickelt, mit dem bei Untersuchungen im Pflanzenreich die bisher großartigsten Ergebnisse erzielt wurden. Der Vater dieses Geräts ist Ken Hashimoto, ein erfolgreicher Elektronikingenieur und Berater der japanischen Polizei bei der Anwendung von Lügendetektoren. Hashimoto lebt in Kamakura, in der Nähe von Jokohama. Er hatte von Backsters Laborversuchen gelesen und daraufhin eine seiner Kakteen mittels Akupunkturnadeln an einen gewöhnlichen Lügendetektor angeschlossen.

Er wollte allerdings noch wesentlich mehr erreichen als Backster, Sauvin und Byrd. Er hoffte, eine richtige Unterhaltung mit einer Pflanze führen zu können. Er hatte, um die polizeilichen Untersuchungen einfacher und billiger durchführen zu können, ein System entwickelt, bei dem nur ein Kassettentonbandgerät nötig war, um die Reaktionen eines Verdächtigen aufzuzeichnen. Die Modulationen in der Stimme des Verdächtigen wurden anschließend auf elektronischem Weg transportiert und fanden in einem Diagramm ihren sichtbaren Niederschlag. Diese Methode funktionierte so zuverlässig, dass sie auch von einem japanischen Gericht anerkannt wurde.

Hashimoto kam plötzlich der Gedanke, dass er diese Aufzeichnungen vielleicht in differenzierte Töne umsetzen, den Pflanzen quasi eine Stimme verleihen könnte, wenn er den umgekehrten Weg einschlug. Mit einem Kaktus, der zwar viel kleiner war, aber der *Carnegiea gigantea* ähnelte, machte er seine ersten Versuche, die jedoch fehlschlugen. Hashimoto weigerte sich jedoch zu glauben, dass Backsters Bericht falsch oder sein eigenes Gerät mangelhaft war, und überlegte, ob die Schwierigkeiten einer Kommunikation mit der Pflanze nicht bei ihm selbst zu suchen waren.

Seine Frau hingegen konnte schon bald sensationelle Erfolge verzeichnen. Sie liebt Pflanzen und hat eine besonders glückliche Hand im Umgang mit ihnen. Als Mrs. Hashimoto der Pflanze sagte, wie gerne sie sie habe, reagierte der Kaktus augenblicklich. Von Hashimotos elektronischem Gerät umgeformt und verstärkt, klang der von der Pflanze hervorgebrachte Laut wie das hohe Summen einer weit entfernten Hochspannungsleitung, jedoch in Form eines Liedes, dessen Rhythmus und Tonhöhe wechselten und das freundlich, manchmal herzlich und geradezu heiter war.

John Francis Dougherty, ein junger Amerikaner aus Kalifornien, war Zeuge einer dieser Unterhaltungen. Für ihn klang es, als ob die Pflanze auf Mrs. Hashimoto wohlklingendes Japanisch in ebenso wohlklingendem »Kakteeisch« antwortete. Dougherty berichtet ferner, dass das Ehepaar Hashimoto bald auf so vertrautem Fuß mit seiner Pflanze stand, dass es ihr das Zählen beibrachte und das Addieren bis zwanzig. Auf die Frage, wie viel zwei und zwei sei, antwortete die Pflanze mit Lauten, die bei der Umformung in ein Diagramm vier deutliche, nebeneinanderliegende Ausschläge ergaben.

Hashimoto hat die rechnerischen Fähigkeiten seiner Kaktee seither einem großen Publikum in ganz Japan vorgeführt.

Um eine Erklärung für dieses Phänomen gebeten, meinte Hashimoto, einer der Bestsellerautoren Japans auf dem Gebiet der Parapsychologie, dass es viele Phänomene gäbe, die sich mit den Theorien der heutigen Physik nicht erklären ließen. Er ist überzeugt, dass es jenseits unserer dreidimensionalen Welt, wie sie die Physik kennt, noch eine Welt gibt, und dass die dreidimensionale Welt nur das Abbild einer vierdimensionalen, nichtmateriellen Welt ist. Er ist außerdem der Ansicht, dass diese vierdimensionale Welt die dreidimensionale, materielle Welt mit Hilfe von

»Gedankenkonzentration« – wie er es ausdrückt – oder Psychokinese oder Macht des Geistes über die Materie, wie andere es nennen, beherrscht.

Mit dem Problem, dass eine solche Gedankenkontrolle für gute ebenso wie für schlechte Zwecke eingesetzt werden kann, müssen sich diese Forscher jetzt auseinandersetzen.

4
Besucher aus dem All

Ein blauer Volkswagen-»Käfer«, der mit einigem recht ungewöhnlichen wissenschaftlichen Gerät beladen war, fuhr eines Tages Ende Oktober 1971 in den Oak Grove Park bei Temecula, einem kleinen südkalifornischen Dörfchen in der Nähe des Pechanga-Indianer-Reservats, nicht weit entfernt von dem berühmten Mount-Palomar-Observatorium. Hinter dem Lenkrad kletterte ein siebenundvierzigjähriger, aus Schlesien stammender Elektronikingenieur hervor – L. George Lawrence. Zusammen mit seinem Feldforschungsassistenten war er in dieses abgelegene wüstenähnliche Gebiet gekommen, um Signale von wild wachsenden Eichen, Kakteen und Yuccas (Palmlilien) aufzunehmen. Lawrence hatte diesen Park gewählt, weil er »in einem ›tiefen‹ elektromagnetischen Sendeschatten liegt, wo keine künstlichen Störfrequenzen auftreten, und der deshalb ideal ist, um saubere, unverfälschte. Pflanzenreaktionen zu bekommen.«

Ein wichtiger Unterschied zwischen dem Pflanzensignalempfänger von Lawrence und jenem von Backster, Vogel und Sauvin besteht darin, dass Lawrence mit lebendem pflanzlichen Gewebe arbeitet, das in einem genau temperierten Bad liegt und von einer faradayschen Röhre abgeschirmt wird, die auch die geringsten elektromagnetischen Störungen fern hält. Lebendes pflanzliches Gewebe kann, wie Lawrence herausgefunden hat, Signale bei weitem genauer registrieren als elektronische Sensoren. Er ist der Meinung, dass *biologische* Strahlungen, die von Lebewesen ausgesendet werden, auch am besten von einem *biologischen* Medium empfangen werden.

Lawrence Versuchsanordnung weicht auch insofern wesentlich von denen der anderen Experimentoren ab, als sie es überflüssig macht, Elektroden an den Pflanzen anzubringen, vorausgesetzt allerdings, die einzelnen Pflanzen stehen weit genug voneinander entfernt, um Signalinterferenzen auszuschließen, die im allgemeinen in Wüstengegenden auftreten. Stattdessen richtet Lawrence einfach eine Röhre, die eine weite Öffnung, aber keine Linse davor hat und deren optische Achse parallel zur Achse der faradayschen Röhre verläuft, auf eine bestimmte Pflanze. Bei größeren Distanzen ersetzt er diese Röhre durch eine Art Zielfernrohr und macht die Pflanze deutlicher sichtbar, indem er ein weißes Tuch über sie legt.

Lawrence lebendes Gewebe kann ein Richtsignal aus einer Entfernung bis zu eineinhalb Kilometern aufnehmen. Um seine Pflanzen zu deutlichen Reaktionen anzuregen, »pumpt er eine ganz bestimmte Menge Elektrizität in sie hinein«, wobei dieser Reizimpuls durch einen Zeitgeber ferngesteuert wird, so dass Lawrence zu seiner Empfangsstation zurückgehen oder -fahren kann. Seine Vorversuche führt er in den kühleren Jahreszeiten durch, wenn die meiste Vegetation ruht, um doppelt sicher zu sein, dass keine unerwünschten Signale von anderen Pflanzen seine Messungen verfälschen.

Die Veränderungen im lebenden Gewebe des Empfängers machen sich nicht mit Hilfe eines Schreibers bemerkbar, sondern durch einen gleich bleibend leisen Pfeifton – wie ihn etwa Sinuswellen-Generatoren hervorbringen –, der in eine Reihe von einzelnen Impulsen zerfällt, sobald das Gewebe die Signale einer Pflanze registriert.

An jenem Oktobernachmittag des Jahres 1971 machten Lawrence und sein Assistent gleich nach ihrer Ankunft im Park eine kleine Erfrischungspause. Sie ließen sich etwa zehn Meter entfernt von ihrem Instrument nieder, das sie so stehen gelassen hatten, dass es einfach nur ins Blaue hinaus gerichtet war.

Als Lawrence in seine echt jüdische Wurst biss, wurde der kontinuierliche Pfeifton seiner Apparatur plötzlich von einer Reihe einzelner Impulse unterbrochen. Lawrence, der zwar noch nicht seine Wurst, wohl aber den Backster-Effekt verdaut hatte, dachte zuerst, er selbst könnte die Signale ausgelöst haben, indem er einige Zellen in der Wurst getötet hat. Dann aber fiel ihm ein, dass koschere Wurst ja bereits biologisch tot ist. Lawrence überprüfte also seine Versuchsanordnung und stellte zu seinem größten Erstaunen fest, dass das Pfeifsignal über eine halbe Stunde lang eine deutliche Serie von Impulsen hervorbrachte, bevor es wieder in seinen gleichmäßigen Ton überging, der anzeigte, dass nun nichts mehr empfangen wurde. Irgendwoher mussten die Signale kommen, und da das Instrument die ganze Zeit über gen Himmel gerichtet war, sah sich Lawrence mit dem phantastischen Gedanken konfrontiert, *dass etwas oder jemand aus dem Weltraum sendete.*

Auf der Heimfahrt diskutierten Lawrence und sein Mitarbeiter natürlich über dieses seltsame Phänomen, sie beschlossen aber, zunächst nichts über ihre Entdeckung verlauten zu lassen, für den Fall, dass es gar keine echten Signale waren, sondern lediglich Störungen in ihrer Apparatur. Der Gedanke, dass es außerhalb der Erde Leben geben könnte, war für sie zugleich verwirrend und aufregend. Konkrete Anhaltspunkte für die Existenz außerirdischen Lebens gab es bisher kaum, selbst wenn man die Entdeckung von »organisierten Elementen« oder Organismen in Meteoriten und die Infrarot-Spektren vom Mars mit einbezieht, die auf organische Moleküle hinweisen. Und dann gibt es da auch noch die seltsamen, nicht durch bloßen Zufall erklärbaren interstellaren Radiosignale, die Nikola Tesla und Guglielmo Marconi empfangen haben wollen. Man hatte die beiden aber so lächerlich gemacht, dass sie schließlich nichts mehr darüber veröffentlichten.

Lawrence, der es ablehnte, den voreiligen Schluss zu ziehen, er habe über seine Pflanzengewebe ein »intelligentes« Signal aus dem All empfangen, verbrachte mehrere Monate damit, seine

Versuchsanordnung zu verbessern, bis er einen »biodynamischen Feldempfänger für interstellare Signale« zusammengebastelt hatte.

Im April 1972 war es dann so weit: Er stellte sein Gerät noch mal auf die gleiche Richtung ein, aus der damals – beim Biss in die Wurst – so seltsame Signale kamen. Als Laser-Experte hatte er sich sorgfältig notiert, wohin die Röhre zeigte, und dabei festgestellt, dass sie auf Ursa major ausgerichtet gewesen war, das Siebengestirn in der Gegend des nördlichen Himmelspols, das man Großer Bär oder Großer Wagen nennt. Um sicherzugehen, dass sein Gerät auch möglichst weit von allen Lebensformen entfernt steht, fuhr Lawrence zum Pisgah-Krater hinaus, einem siebenhundert Meter hohen vulkanischen Bergkegel mitten in der Mohavewüste. Der Krater ist von etwa fünfundsiebzig Quadratkilometer großen, flachen Lavafeldern umgeben, auf denen auch nicht ein Hälmchen Gras wächst. Lawrence richtete sein Teleskop, das mit der Faradayschen Röhre, einer Kamera, einem elektromagnetischen Interferenzmonitor und der Gewebekammer verbunden war, auf die Himmelskoordination $10^h\ 40'/+\ 56°$, also in Richtung Ursa major, und schaltete seinen Signalton ein. Nach neunzig Minuten fing der Apparat wieder eine erkennbare, wenn auch kürzere Serie von Signalen auf. Lawrence gibt an, dass, wenn er mehrere Stunden lang die gleiche Himmelsstelle im Visier hatte, zwischen einzelnen raschen Impulsserien Zeitspannen von drei bis zehn Minuten lagen.

Nachdem sich auf diese Weise seine Beobachtung von 1971 bestätigt hatte, begann sich Lawrence zu fragen, ob ihm da nicht durch Zufall eine wissenschaftliche Entdeckung von außerordentlicher Bedeutung gelungen war. Er hatte keine Ahnung, woher die Signale kamen, noch was oder wer sie aussendete, aber er hielt es für möglich, dass bei ihrer Entstehung die Abtrift der Milchstraße eine Rolle spielte. »Die Signale könnten vom Äquator der Milchstraße stammen, der eine große Sterndichte aufweist«, meinte Lawrence, »vielleicht erhalten wir aus dieser Himmelsgegend mehr Signale als vom Großen Bären.«

Nach der Bestätigung seiner ersten Beobachtung in der Mohavewüste führte Lawrence die Versuche von seinem Heimlabor aus weiter. Er richtete sein Gerät auf die gleichen Koordinaten und ließ es rund um die Uhr eingestellt. Lawrence berichtet, dass er oft Wochen oder manchmal gar Monate warten musste, bis die Signale durchkamen. Aber wenn sie ihn erreichten, handelte es sich unverkennbar um irgendeine »Nachricht«. Ein Signal brachte eine Art von brr-r-r-r-r-piep-piep-piep-Impuls hervor, der, wie Lawrence behauptet, von keinem irdischen Wesen stammen kann.

Als man ihn drängte, seine noch vagen Ideen über diese merkwürdigen Signale etwas zu erläutern, meinte er: »Ich glaube nicht, dass sie an Erdenwesen gerichtet sind. Ich denke, wir haben es mit Übermittlungen zwischen benachbarten Gruppen zu tun, und weil wir keine Ahnung von *biologischen Kommunikationen* haben, sind wir von dieser ›Unterhaltung‹ einfach ausgeschlossen. Ich glaube auch, dass die Sendeenergie phantastisch hoch sein muss, da unsere Empfangsapparatur gar nicht besonders ausgeklügelt ist, und eine riesige Energiemenge notwendig wäre, um sie über so astronomische Distanzen hinweg zu einer Reaktion anzuregen. Deshalb könnten die Signale eine Art Notruf sein. Vielleicht ruft dort draußen jemand verzweifelt um Hilfe.«

Nachdem Lawrence zu der Ansicht gelangt war, seine Entdeckungen könnten von grundlegender Bedeutung sein – Vorboten eines neuen Kommunikationssystems, an das man bisher noch nie gedacht hatte –, schickte er eine Überspielung seiner Tonbandaufnahme vom Oktober 1971 mit einem siebenseitigen Kommentar an die Smithsonian Institution in Washington, D. C., wo sie als möglicherweise historisches wissenschaftliches Dokument aufbewahrt wird. Sein Kommentar schließt mit folgenden Sätzen:

Es wurde eine Reihe von offenbar interstellaren Kommunikationssignalen unbekannter Herkunft und Bedeutung beobachtet. Da biologische Sensoren die Signale aufgefangen haben, muss eine Art biologischer Signalübermittlung angenommen werden. Die

Tests sind in einer Gegend durchgeführt worden, die in tiefen elektromagnetischen Sendeschatten liegt; die Empfangsapparatur selbst ist für elektromagnetische Strahlung undurchlässig. Spätere Kontrolltests zeigten keinerlei Fehler an den Geräten. Nachdem noch keine routinemäßigen interstellaren Abhörversuche durchgeführt werden, sollte man Kontrollversuche an anderen Orten, wenn möglich über die ganze Erde verteilt, durchführen. Das Phänomen ist zu wichtig, um es einfach zu ignorieren.

Lawrence meint, dass sein Tonband nicht gerade ein Ohrenschmaus sei, aber Leute, die es mehrmals, über einen Zeitraum von einigen Wochen verteilt, abgehört haben, räumten ein, dass davon »in zunehmend faszinierendem Maß ein Zauber« ausgehe. Das Band gibt eine kurze, sich verstärkende Reihe von tiefen, harmonischen Schwingungen wieder, die sinnlosem Geschwätz oder Hintergrundsmodulationen ähneln. Der »intelligent« wirkende Charakter der ganzen Impulskette kommt durch ungleiche Abstandsmuster, offensichtliche Wiederholungen einzelner Sequenzen und das stark verminderte elektromagnetische Rauschen zustande.

Lawrence freut sich auf den Tag, an dem es ihm möglich sein wird, eine Computeranalyse dieser Signale durchführen zu lassen, um so möglicherweise zusätzliche Hinweise auf ihren Charakter zu gewinnen. Die Signale folgen viel zu rasch aufeinander, um ein Herausschreiben der einzelnen Impulsdaten von Hand zu erlauben. Lawrence hegt sogar gewisse Zweifel, dass die Computeranalyse konkrete Ergebnisse zutage fördern wird. »Wenn die Signale persönlicher Art sein sollten, wird auch die modernste Computertechnologie nicht imstande sein, sie zu entziffern«, meint er. »Wir haben heute einfach keine Computer bionischer Art, die scheinbare Zufallsdaten sammeln und dann, verständlich ›übersetzt‹, ausdrucken könnten.«

Lawrences wichtigster Schluss, dass Sensoren *biologischer* Art nötig sind, um *biologische* Signale aufzufangen, gilt insbesondere für Kommunikationen mit dem All. Er drückt es so aus: »Die üblichen elektronischen Geräte sind dabei sozusagen wertlos, weil die ›Bio-Signale‹ offenbar außerhalb des bekannten elektromagnetischen Spektrums liegen.«

Lawrence weist darauf hin, dass Wissenschaftler, die lange Zeit behauptet hatten, dass unser kleiner Planet einzigartig im gesamten Universum sei, in den fünfziger Jahren zugeben mussten – aufgrund sorgfältiger Himmelsbeobachtungen und entsprechender Schlussfolgerungen –, dass wir wahrscheinlich so einmalig doch nicht sind, und die Außerirdischen sogar höher entwickelt sein können als wir.

Karl Friedrich Gauß, der deutsche Mathematiker und Astronom, schlug zu Beginn des 19. Jahrhunderts vor, der Mensch solle seine Anwesenheit auf der Erde kosmischen Wesen mitteilen, indem er Hunderte von Kilometern lange, im rechten Winkel aufeinanderstoßende Schneisen in die sibirische Taiga schlüge. Auf diesen Vorschlag folgte der des österreichischen Astronomen J. J. von Littrow, man solle in der Sahara geometrische Kanäle ausheben, mit Petroleum füllen und bei Nacht anzünden; und der französische Wissenschaftler Charles Gros hätte am liebsten einen mächtigen Spiegel gebaut, der das Sonnenlicht direkt auf den Mars reflektiert.

Diese etwas abwegigen Ideen erschienen in einem neuen Licht, als im Sommer 1927 Beobachtungen im Radiowellenbereich nach dem damaligen Stand des Wissens den Verdacht nahelegten, die Erde könnte von außerirdischen Kommunikationssatelliten beobachtet werden. Jorgen Hals, ein norwegischer Radioingenieur, hörte sonderbare, ihm unerklärliche Echos, während er der Sendung einer Kurzwellenstation von Eindhoven in Holland lauschte. Auch mehrere holländische und englische Professoren sowie Techniker, die eine Reihe von Experimenten durchführten, um die Entdeckung von Hals zu überprüfen, konnten sich keinen Reim darauf machen.

Die rätselhaften »Signale« waren schon so gut wie vergessen, als in den frühen fünfziger Jahren mehrere Spezialisten eine Theorie aufstellten, die außerirdische Störeinwirkungen als Erklärung dafür anbot. Die Wissenschaftler vertraten die Ansicht, dass zeitweise eine interstellare Fernmeldesonde in Aktion trete, die die Aufgabe habe, zunächst Sonnensysteme auf intelligentes Leben hin abzusuchen und dann die Ausstrahlungen dieser Lebensformen, inklusive jene der Erdenbürger, im Radiowellenbereich zu einer entfernten »Heimat-Station« zurückzuübermitteln. Obwohl man diese Spekulationen in Fachkreisen meist nicht recht ernst nahm, zeigten sich die Kritiker doch etwas irritiert, als weitere Beobachtungen dieser Art gemacht wurden. Diesmal handelte es sich um ein Fernsehsendesignal, das mit einer geheimnisvollen Verspätung von über drei Jahren »angekommen« sein soll.

Im September 1953 empfing C. W. Bradley in London auf seinem Fernsehschirm im Wohnzimmer die Erkennungsbuchstaben der amerikanischen KLEE-TV-Station aus Houston, Texas. Während der nächsten Monate waren die Buchstaben auch auf den Büro-Fernsehschirmen der Firma Atlantic Electronics Ltd. in der englischen Stadt Lancaster zu sehen. Das Seltsame dieser Fernsehübertragung lag nicht in der weiten Entfernung der Sendezentrale, denn solche »Fernschüsse« kommen immer mal wieder vor, gespenstisch war vielmehr, dass diese Bilder *etwa drei Jahre vor ihrem Empfang ausgestrahlt worden waren.* Man hatte nämlich bereits 1950 die Erkennungsbuchstaben KLEE in KPRC umgeändert! Die Erklärung, dass die Signale in einer »Plasma-Wolke« über der Erde gespeichert und dann wieder ausgestrahlt worden seien, ließen die Frage nach dem Wie und Warum eines solchen Vorgangs offen, und die Behauptung, dass es sich lediglich um einen sinnlosen – und außergewöhnlich teuren – Scherz gehandelt habe, scheint doch etwas weit hergeholt.

Angesichts dieser geheimnisvollen Phänomene zogen amerikanische Forscher jetzt doch interstellare Radioübermittlungen ernsthaft in Betracht. Aber bald wurde diese Theorie wieder fallen gelassen, und zwar nachdem man erkannt hatte, dass diese Wellenlängen von interstellaren Gaswolken und Nebeln absorbiert, durch verschiedene undurchlässige Schichten rings um die anvisierten Zielplaneten abgeschirmt oder vom galaktischen Rauschen gestört werden konnten. Es blieb nur eine mögliche Wellenlänge, die derartige Ziele zu erreichen vermochte: die viel kürzeren und stärkeren Wellen, die der neutrale Wasserstoff der Galaxien ausstrahlt.

Aber die Erdbewohner wollten noch immer Radiosignale aus dem All empfangen. 1960 leitete Dr. Frank Drake das »Projekt Ozma« ein – benannt nach der Herrscherin über das Märchenkönigreich Oz –, welches sich des großen (Durchmesser des Parabolspiegels: 25 Meter) Radioteleskops am Radioastronomischen Observatorium bei Greenbank in West Virginia bediente. Drake und seine Kollegen hofften, intelligente außerirdische Sendungen zu empfangen, und zwar aus den Regionen zweier benachbarter Sterne, Tau Ceti und Epsilon Eridani. Erst kürzlich hatte man entdeckt, dass Epsilon Eridani von einem massiven Planeten umkreist wird, der sechsmal so schwer ist wie Jupiter, der größte der bis heute bekannten neun Planeten, die die Sonne umkreisen.

Obwohl das Projekt Ozma ergebnislos blieb, beschäftigen sich immer noch Wissenschaftler intensiv mit der Möglichkeit einer Kommunikation mit extraterrestrischen Intelligenzen (Communication with Extra-Terrestrial Intelligences, CETI).

Im Sommer 1971 schloss eine Gruppe amerikanischer Wissenschaftler am Ames Research Center der NASA die Vorstudien für ein neues Projekt – »Cyclops« – ab. Geplant ist ein Netz von zehntausend Radioteleskopen – deren Parabolspiegel zusammen eine Fläche von einigen Quadratkilometern ergeben würden –, die in der Wüste von New Mexico über ein Gebiet von gut hundert Quadratkilometern verteilt werden sollen. Diese Apparate brauchen jedoch ein kybernetisches »Nervensystem« brandneuer Supercomputer, so dass Charles Seeger von der Universität von New Mexico schätzte, dass das Projekt Cyclops etwa fünf Milliarden Dollar kosten würde. Angesichts der einschneidenden Kürzungen im Raumforschungsbudget der USA ist es sehr unwahrscheinlich, dass Cyclops je realisiert wird. Damit überlässt man diese Forschungsaufgabe dem mächtigen Radioteleskop (Durchmesser über einen halben Kilometer), das gerade am sowjetischen astrophysikalischen Observatorium auf der Krim im Bau ist.

Bei allen diesen Projekten wird davon ausgegangen, klagt Lawrence, dass die Signale via Radio kommen, weil das Radio auf unserem Planeten das leistungsfähigste Kommunikationsmittel ist, das die Wissenschaft kennt. Wenn sich die Wissenschaftler zu einer Idee vom Empfang biologischer Signale bekehren wollten, hätten sie, wie Lawrence meint, viel bessere Erfolgsaussichten. Sein Standpunkt findet eine Bestätigung durch Joseph F. Goodavage, der feststellte: »Die Dogmatisierung der etablierten wissenschaftlichen Methoden zu einer Art Pseudoreligion – mit all ihren Ritualen und Traditionen – könnte das ernsteste Hindernis sein auf dem Weg zu einer direkten Kommunikation zwischen dem *Homo sapiens* und anderen Zivilisationen, die im interstellaren oder intergalaktischen Raum existieren mögen.«*

Lawrence, der als Gerätebauingenieur bei einer Weltraumforschungsgesellschaft in Los Angeles angestellt war, beschloss, raffiniertere Messwandler zu entwerfen – Konverter, die eine eingegebene Energieart in einer anderen Energieart ausgeben. Er wusste, dass ein mechanisches Gerät den Anforderungen, gleichzeitig Wärme, Druck, elektrostatische Felder und Veränderungen der Erdanziehung zu registrieren, nicht gewachsen war. Eine Pflanze aber, so seine Theorie, könne das Unmögliche möglich machen, weil sie ja von Natur aus die nötigen Bauelemente in sich vereinige.

Als Lawrence 1963 anfing, sich mit diesem Problem auseinanderzusetzen, musste er feststellen, dass er von Biologen und Pflanzenspezialisten keinerlei Hilfe erwarten durfte, weil nicht

* »Astrology: The Space Age Science«, in *Saga*, Januar 1973.

einer von ihnen genug von Physik und Elektronik verstand, um sich richtig vorstellen zu können, worauf er hinauswollte. Lawrence begann seine Suche nach einem biologischen System, das Signale aussenden und empfangen konnte, mit dem Studium der Experimente, die in den zwanziger Jahren von dem russischen Histologen Alexander Gurwitsch und seiner Frau durchgeführt worden waren. Gurwitsch behauptete, dass alle lebenden Zellen eine unsichtbare Strahlung abgäben. Er hatte zunächst bemerkt, dass die Zellen in den Wurzelspitzen von Zwiebeln sich in einem bestimmten Rhythmus zu teilen schienen. Er meinte, dies müsse aufgrund einer bisher unerforschten Energiequelle geschehen, und fragte sich, ob nicht benachbarte Zellen dafür verantwortlich sein könnten.

Um seine Theorie zu überprüfen, praktizierte er eine Wurzelspitze in eine horizontal ausgerichtete dünne Glasröhre, die sozusagen als Strahlengewehr fungieren sollte. Er richtete diese Röhre auf eine zweite Zwiebelwurzelspitze, die ebenfalls von einem Glasröhrchen umschlossen war – bis auf eine kleine Stelle auf der einen Seite, die unbedeckt dem »Strahlengewehr« als Zielscheibe ausgesetzt wurde. Nach drei Stunden »Beschuss« untersuchte Gurwitsch Gewebsschnitte der Ziel-Wurzel unter seinem Mikroskop. Er verglich die Anzahl der Zellteilungen und stellte eine Zunahme von fünfundzwanzig Prozent an der Stelle fest, die der »Bestrahlung« ausgesetzt gewesen war. Anscheinend hatte die Empfänger-Wurzel eine vitale Energie von der Sender-Wurzel empfangen.

Gurwitsch versuchte nun, die Strahlung abzuschirmen, und wiederholte den Versuch mit einem dünnen Quarzschild zwischen den Wurzeln. Die Ergebnisse waren aber im wesentlichen die gleichen. Wenn er den Quarz jedoch mit Gelatine überzog oder durch ein einfaches Glasplättchen ersetzte, konnte er keine vermehrte Zellteilung beobachten. Da ihm bekannt war, dass Glas und Gelatine für gewisse Frequenzen im ultravioletten Bereich des elektromagnetischen Spektrums undurchlässig sind, schloss

Gurwitsch, dass die von den Zellen der Zwiebelwurzelspitzen ausgehenden Strahlen im oder unter dem Ultraviolettbereich liegen müssten. Und weil sie offenbar die Zellteilung, die »Mitose«, anregten, nannte er sie »mitogenetische Strahlen«.

Gurwitschs Entdeckung löste in der Welt der Wissenschaft einen Aufruhr aus. Mehrere Laboratorien beeilten sich, die Ergebnisse zu überprüfen. Da die für die neue Strahlung postulierte Wellenlänge Strahlen von noch größerer Intensität bedeutete, als sie die von der Sonne auf die Erde gelangenden Ultraviolettstrahlen aufweisen, konnten viele Wissenschaftler nicht glauben, dass *biologische* Prozesse imstande sein sollten, sie hervorzubringen. Aus Paris meldeten zwei Forscher ähnliche Ergebnisse; in Moskau wies ein Landsmann von Gurwitsch nach, dass man die Vermehrung von Hefepilzen um mehr als fünfundzwanzig Prozent steigern konnte, wenn man sie den »mitogenetischen Strahlen« von Zwiebelwurzeln aussetzte.

Zwei Forscher aus Berlin behaupteten, die Strahlung nachgewiesen zu haben. In Frankfurt gelang es einem Forscher tatsächlich, sie zu messen, und zwar nicht durch ihre Wirkung auf lebende Pflanzenzellen, sondern mit elektrischen Apparaten. Andererseits konnten ebenso zuverlässige englische Forscher keinen derartigen Effekt feststellen. Und nachdem in den Vereinigten Staaten die angesehene Academy of Sciences ein Gutachten herausgab, in dem Gurwitschs Entdeckung als nicht wiederholbar bezeichnet und ihre Zuverlässigkeit stark angezweifelt wurde, geriet er in Vergessenheit.

Lawrence besaß zwar kein Ultraviolett-Spektrometer, um »mitogenetische Strahlen« nachzuweisen, ihn faszinierte aber die Art und Weise, wie Gurwitsch die Energie *gelenkt* hatte. Beinahe unwillkürlich drängte sich Lawrence die Ansicht auf, dass bei Gurwitschs unorthodoxen Versuchen ein psychologischer oder »mentaler« Faktor im Spiele war. Weiterhin auf der Suche nach einem Gerät mit hoher Impedanz, versuchte Lawrence herauszufinden, ob einzelne Zellen in einem sechs Millimeter großen Stückchen

Zwiebel, das er an eine Wheatstone-Brücke und einen Elektrometer anschloss, auf verschiedene Reize reagieren würden. Er fand heraus, dass die Zwiebelzellen auf Reizungen wie das Angeblasenwerden mit Rauch, ja, sogar auf seine bloße Vorstellung, sie zu zerstören, in etwa hundert Millisekunden, das heißt innerhalb einer Zehntelsekunde, zu reagieren schienen.

Was Lawrence am seltsamsten erschien, war, dass die Reaktion des Zwiebel-Zellgewebes offensichtlich verschieden ausfiel – je nachdem ob er oder jemand anders seine Gedanken darauf einstellte. Menschen mit »medialer Begabung« schienen viel nachhaltigere Reaktionen hervorzurufen als der nüchterne Lawrence. Er erklärte: »Angenommen, die Zelle hätte ein Zellbewusstsein, so verändert sich dessen Reaktionsmuster von Experimentator zu Experimentator.«

Etwa zu dieser Zeit hörte Lawrence von Backsters weiteren Arbeiten. Er beschloss, einen komplizierten psycho-galvanischen Analysator oder Pflanzen-Reaktions-Detektor zu konstruieren. Mit seinem neuen Gerät empfing Lawrence eine Reihe »wilder« Aufzeichnungen von seinen Pflanzen. Aber aufgrund seiner, wie er rückblickend sagt, »Ignoranz und echt preußischen Orthodoxie« schrieb er diese Effekte Fehlern in seiner Apparatur zu. Nichtsdestoweniger begann sich sein Verdacht, dass pflanzliche Gewebe Gedanken und Gefühle von Menschen registrieren können, im Lichte von Backsters Erfolgen allmählich zu stärken. Lawrence erinnerte sich daran, dass Jahre zuvor der britische Astronom Sir James Jeans geschrieben hatte: »Der Strom der menschlichen Erkenntnis bewegt sich unaufhaltsam auf eine nichtmechanische Wirklichkeit zu: Das Universum gleicht immer mehr einem großen *Gedanken* als einer großen Maschine. Der Geist erscheint nicht mehr als zufälliger Eindringling in das Reich der Materie. Allmählich keimt in uns die Einsicht, dass wir ihn viel eher als Schöpfer und Herrn dieses Reiches anerkennen sollten.«

Ab Oktober 1969 veröffentlichte Lawrence eine Reihe allgemeinverständlicher Artikel, in denen er über seine Forschungen und Versuche berichtet.* Lawrence teilt seinen Lesern mit, dass zum ersten Mal seit die ersten grünen Blätter ihre Köpfe aus den Sümpfen des Paläozoikums erhoben, die Pflanzen auf ihre »elektrodynamischen Eigenschaften« hin untersucht worden sind.

Vier Hauptfragen, schreibt Lawrence, stellen sich zunächst: Können Pflanzen mit elektronischen Ausgabegeräten verbunden werden, um auf diese Weise vielseitige Sensoren und Daten-Wandler zu bilden? Können sie so abgerichtet werden, dass sie auf das Vorhandensein bestimmter Dinge oder Bilder reagieren? Sind die ihnen zugeschriebenen hypersensorischen Wahrnehmungsfähigkeiten verifizierbar? Welche der 35 000 bekannten Pflanzenarten sind die vom Standpunkt des Elektronikers aus am vielversprechendsten?

Lawrence gibt detaillierte Hinweise, wie man das Verhalten lebender Pflanzenzellen mit Hilfe von Mikroelektroden untersuchen kann, und berichtet außerdem, dass in dem in Farmingdale, New York, von der Republic Aviation errichteten »Mond-Garten«, wo Pflanzen auf ihre Brauchbarkeit als Weltraumnahrung hin untersucht werden, Wissenschaftler in den sechziger Jahren bei diesen Pflanzen Reaktionen hervorrufen konnten, die »Nervenzusammenbrüchen« und »völliger Frustration« ähnelten. Weiter berichtet er, dass schon früher L. Ron Hubbard, der Gründer des Scientismus, in seinem Labor in East Grinstead, Sussex, England, bemerkt hatte, dass Pflanzen gewisse Arten von künstlichem Licht nicht mögen, wie zum Beispiel das kalte Licht der Natriumlampe, das bei ihnen Schweißausbrüche hervorrufen kann, die auf ihren Blättern deutlich sichtbar werden.

Lawrence machte seine Leser warnend darauf aufmerksam, dass das Experimentieren mit Pflanzen und dem Backster-Effekt einiges mehr erfordert als elektronisches Fachwissen und die blo-

* Z. B. »Electronics and the Living Plant«, in *Electronics World*, Oktober 1963.

ße Fähigkeit, vorzügliche elektronische Apparate konstruieren zu können. »Da müssen noch gewisse Qualifikationen berücksichtigt werden, die bei normalen Versuchsanordnungen ohne Bedeutung sind«, schreibt er. »Man braucht dazu eine glückliche Hand im Umgang mit Pflanzen und – am allerwichtigsten – *Liebe* zu den Pflanzen.«

Ein halbes Jahr später setzte Lawrence seine »Enthüllungen« fort.* Sein zweiter Artikel beginnt mit der Frage: »Besitzt der Mensch verborgene Fähigkeiten, die durch die modernen Kommunikationssysteme verschüttet wurden?« Aufgrund ihrer okkultistischen Vergangenheit sei die eben erst flügge werdende Wissenschaft der Parapsychologie zwar lange skeptisch betrachtet worden und müsse noch immer um ihre Anerkennung kämpfen, aber, betont er, die Anwendung elektronischer Instrumente würde aufregende neue Versuche und überwältigende Entdeckungen ermöglichen, die die allgemein gebräuchlichen orthodoxen Kommunikationsmittel und -wissenschaften in den Schatten stellen könnten.

Schon vor fünfzig Jahren habe der italienische Wissenschaftler Federico Cazzamalli einen Ultra-Hochfrequenz-Apparat entwickelt, mit dessen Hilfe man Telepathie zwischen Menschen erforschen konnte. Seine Experimente seien aber nie wiederholt worden, weil Mussolini diese Arbeiten für geheim erklärte. Und der Autodidakt Georg W. van Tassel, der in Yucca Valley, Kalifornien, zu Hause ist, behauptet, mit Hilfe seines »Integratron«, einer Weiterentwicklung der Apparaturen Cazzamallis, eines Tages nicht nur die Probleme der Kommunikation mit Außerirdischen lösen, sondern auch die Verjüngung von Körperzellen, eine Antigravitationskraft und das höchste der paranormalen Gefühle ermöglichen zu können: die Zeitreise. Allerdings erst, wenn der bereits zwanzig Jahre währende Bau dieser kuppelförmigen,

---

* »Electronics and Parapsychology«, in *Electronics World*, April 1970.

nicht-metallischen Konstruktion, deren Aussehen einer Sternwarte ähnelt, abgeschlossen sein wird.

Die orthodoxen Wissenschaftler sind verwirrt und skeptisch, weil es für diese Phänomene keine allgemein gültige, anerkannte Theorie gibt. Dr. W. G. Roll, der Vorsitzende der Parapsychological Association sprach 1964 in Oxford, England, von »Psi-Feldern«, die – entsprechend den elektromagnetischen oder Gravitations-Feldern – alle Dinge, belebte oder unbelebte, besäßen, und die mit den bekannten physikalischen Feldern und untereinander »kommunizieren« könnten. Eine andere Theorie, die von Dr. G. D. Wassermann beim Ciba Foundation Symposium 1956 vorgebracht wurde, orientiert sich an der Quantenmechanik. Wassermann schlägt vor, dass die »Psi-Felder«, die es jemandem ermöglichen, paranormale Erlebnisse zu haben, von der Aufnahme verschwindend kleiner »Energiequanten« abhängen, die bei weitem winziger sind, als diejenigen, die von den Masse-Feldern der klassischen Physik absorbiert werden können.

Der Backster-Effekt und andere damit in Zusammenhang stehende Phänomene, schreibt Lawrence, »lassen den Gedanken aufkommen, dass Psi nur ein Teil einer so genannten ›paranormalen Matrix‹ ist, eines einzigartigen Kommunikationsnetzes, das alle Lebensformen miteinander verbindet. Die Psi-Phänomene arbeiten anscheinend auf einer Mehrfach-Eingabebasis, die außerhalb der bekannten physikalischen Gesetze funktioniert.« Im Rahmen dieses Netzwerks, meint Lawrence, sind Pflanzen, nachdem sie von ihren Besitzern »programmiert« oder sensibilisiert wurden, sogar fähig, auf die Emotionen ihrer Besitzer auch dann zu reagieren, wenn diese sich weit von der Pflanze entfernt befinden.

Lawrence entwickelte dataillierte Schemata zur Benutzung eines »Reaktions-Detektors«, mit dem außerordentlich differenzierte Testversuche durchgeführt werden können.*

---

* More Experiments in Electroculture«, *Popular Electronics*, Juni 1971.

Er macht aber darauf aufmerksam, dass ständige Wiederholungen für solche Tests zwar sehr wichtig seien, dass jedoch die Testpflanzen, wenn man sie dauernd reizt, zu schwer verletzt oder unregelmäßig gießt, rasch ermüden oder gar »geschockt« werden und sterben. Lawrence ermahnt deshalb die Forscher, mit ihren Pflanzen ja freundlich umzugehen und ihnen nach jedem Experiment eine Erholungspause zu gönnen. Der Ort, wo die Pflanzen leben, muss ruhig sein, fügt er hinzu, »so dass die Reize wirksam gesetzt werden können mit einem Minimum an Netzrauschen oder Störungen durch Hochfrequenzübertragungen, die fehlerhafte Ergebnisse verursachen könnten.«

Lawrences Theorien über Pflanzen wurden bestätigt und weiterentwickelt durch die Erfahrungen eines tschechischen Verlegers, Jan Merta, der physiologische Psychologie studiert hat. Merta, der jetzt in Kanada lebt, besaß paranormale Fähigkeiten, die es ihm erlaubten, einen Eisentab in der Esse einer Schmiede zum Glühen zu bringen und dann in aller Seelenruhe mit der bloßen Hand Funken vom weiß glühenden Ende der Stange zu wischen, als fegte er Staub von einem Brett.

Als Merta nach Kanada kam, verdiente er sich seinen Lebensunterhalt zunächst als »Pflanzenpfleger« beim Kundendienst eines großen Pflanzenzüchters und Importeurs tropischer Pflanzen in Montreal. Wenn Kunden ihre Wohnzimmer- oder Büropflanzen krankmeldeten, wurde Merta hingeschickt, um nachzusehen, was los war. Da er auch die Pflanzen in den weitläufigen Treibhäusern der Firma zu betreuen hatte, fiel Merta auf, dass eine Pflanze, die man aus der Gesellschaft ihrer Freunde »entführte«, oft derart »verstört« wurde, dass sie sich regelrecht verzehrte, und sogar starb. Die leidende Pflanze richtete sich jedoch sofort wieder auf, wenn sie ins Treibhaus zurückgebracht wurde, und gewann ihre normale Frische und Gesundheit rasch wieder.

Als Ergebnis hunderter von »Hausbesuchen« verzeichnete Merta, dass Pflanzen besser gedeihen, wenn sie in dauerndem Kontakt mit den Büroangestellten bzw. mit ihren Besitzern standen und sich nicht selbst überlassen blieben. Beispielsweise kamen die majestätischen, beinahe neun Meter hohen Feigenbäume *(Ficus benjamina)* in ausgezeichnetem Zustand aus Florida an. Als man sie aber rund um einen Brunnen in einen Lichthof mitten in einem Einkaufszentrum pflanzte, begannen sie trotz sorgfältiger Bewässerung und Düngung innerhalb von zwei Tagen zu welken. Hingegen behielten die Bäume, die an den stark frequentierten Durchgangswegen standen, die zum Lichthof führten, ihre ganze Frische. Für Merta war das ein deutliches Zeichen dafür, dass die Feigenbäume es genossen, von den Vorübergehenden bewundert zu werden.

1970 las Lawrence, dass in der Ukraine schon in den frühen dreißiger Jahren Hochfrequenzen und Ultraschallschwingungen verwendet wurden, um größere Kornsamenerträge hervorzubringen, und dass das amerikanische Landwirtschaftsministerium erfolgreiche Versuche der gleichen Art durchgeführt hat. Er gab daraufhin seine Stellung am College auf und machte sich daran, auf eigene Rechnung Apparaturen zu entwickeln, mit denen er hofft, Samenkörner zu besserem und rascherem Wachstum anregen zu können, und zwar in kommerziell auswertbarem Maßstab. »Wenn ein Pflanzensämling auf parapsychologischer Grundlage stimuliert werden kann, was schon der berühmte Pflanzenzüchter Luther Burbank wusste, sehe ich nicht ein«, meint Lawrence, »warum wir nicht ganzen bebauten Feldern spezifische Signale übermitteln können sollen, die das Wachstum anregen ohne alle diese verdammten Düngemittel, die den Boden zerstören.«

Lawrence entwickelte eine besondere Versuchsanordnung, um seine Theorie über die Stimulierung des Pflanzenwachstums durch ein extremes Hochspannungs-Influenzfeld zu testen.* Er versichert, dass die Erfindung und Verwendung von billigen chemischen Düngemitteln schuld daran sei, dass die Ideen unzähli-

---

* »Experimental Electro-Culture«, in *Popular Electronics*, Februar 1971.

ger Ingenieure, wie man das Pflanzenwachstum auf elektrischem Wege fördern könnte, unterdrückt wurden. Nachdem nun das ökologische Gleichgewicht und die Wasserversorgung der Welt durch chemische Verseuchung aller Art gefährdet sind, drängt er darauf, diese Ideen wieder in Betracht zu ziehen.

Lawrence selbst wird zwischen seinem Interesse für die elektrische Stimulierung des Pflanzenwachstums und seinen Projekten, eine interstellare Kommunikation herzustellen, hin und her gerissen. Aber er meint doch, dass die Versuche, Kontakt zu außerirdischem Leben zu bekommen, auf die Dauer wichtiger seien. »Denn wenn regelmäßig Erfolge im CETI-Programm erzielt werden können, dann werden viele Fragen beantwortet werden, die sich uns im Zusammenhang mit den Rätseln der Pflanzenwelt stellen.«

Am 5. Juni 1973 wurde das erste biologisch arbeitende Observatorium für interstellare Kommunikation mit L. George Lawrence als Direktor eingeweiht. Es gehört zur Forschungsabteilung des Anchor College of Truth in San Bernardino. Lawrence hat für das neue Forschungsprogramm ein »Stellartron« entworfen, einen drei Tonnen schweren Apparat, der die Funktionen eines Radioteleskops und das biologische Signalempfangssystem des biodynamischen Feldempfängers in sich vereinigt.

Der Anchor-Präsident, Ed Johnson, teilte der Presse mit, dass das College Lawrences Idee unterstützte. Da die Radioastronomie nicht imstande war, intelligente Signale aus dem Raum aufzufangen, wolle man es einmal mit der biologischen Kommunikation versuchen.

Lawrence weist darauf hin, dass allein unsere Galaxis ungefähr zweihundert Milliarden Sterne enthält. Wenn man annimmt, dass jeder von ihnen wenigstens fünf ihn umkreisende Planeten hat, ergäbe das folglich bereits eine Billion Planeten, die man erforschen müsste. Auch wenn nur einer unter tausend Planeten intelligentes Leben trägt, wäre das immer noch eine Milliarde alleine in unserem Milchstraßensystem. Multipliziert man diese Zahl mit den vermutlich im beobachtbaren Universum vorhandenen zehn Milliarden Galaxien, dann könnten 10 000 000 000 000 000 000 Planeten in der Lage sein, irgendwelche Signale zur Erde zu schicken.

»Vielleicht sind die Pflanzen die wahren Außerirdischen«, bemerkt Lawrence, »denn sie waren es, die eine ursprüngliche Mineralwelt in einen für den Menschen brauchbaren Lebensbereich umgewandelt haben, und zwar durch Vorgänge, die beinahe an Magie grenzen! Was uns noch zu tun bleibt, ist, alle Spuren des Okkultismus zu tilgen und die Pflanzenreaktionen, einschließlich der Kommunikationsphänomene, zu einem verifizierbaren Bestandteil der Physik zu machen. Diese Bemühung spiegelt sich in den Konzeptionen unserer Apparaturen wider.«

Lawrence Forschungen legen den Gedanken nahe, dass wir angesichts der Entfernungen von Millionen von Lichtjahren, die zu überwinden wären, wenn wir mit außerirdischen Intelligenzen Kontakt aufnehmen wollen, nicht Raumschiffe brauchen, sondern richtige »Telefonnummern«. Obwohl seine Arbeiten immer noch im Versuchsstadium stecken, könnte doch sein biodynamischer Feldempfänger uns einem Anschluss an die universelle Kommunikationsvermittlungszentrale näher bringen – mit den Pflanzen als hübschen, freundlichen und tüchtigen Vermittlerinnen.

5
Das »Langzeitgedächtnis« des Hahnenfuß

Mit der Vorstellung, dass Pflanzen ihre Gefühle dem Menschen mitteilen können, wurden in der Sowjetunion Millionen von Zeitungslesern konfrontiert, als die *Prawda* im Oktober 1970 den Artikel »Was die Blätter uns erzählen« veröffentlichte.

»Pflanzen sprechen … ja, sie schreien«, erklärte das offizielle kommunistische Parteiorgan. »Es *sieht nur so aus*, als ob sie sich geduldig in ihr Schicksal fügten und stillschweigend alle Pein erdulden.« Der *Prawda*-Reporter V. Tschertkow berichtete ausführlich, wie er Zeuge dieser außerordentlichen Vorgänge wurde, als er in Moskau das Laboratorium für künstliches Klima an der bekannten Timirjasew-Hochschule für Agrikultur besuchte:

Vor meinen Augen schrie ein Gerstensprössling buchstäblich auf; als man seine Wurzeln in heißes Wasser tauchte. Zugegeben, die »Stimme« der Pflanze wurde nur von einem äußerst empfindlichen elektronischen Gerät registriert, das auf einem breiten Papierstreifen ein »Meer von Tränen« sichtbar werden ließ. Wie verrückt kritzelte die Schreibfeder den Todeskampf des Gerstensprosses auf die weiße Bahn, dabei hätte man nie geahnt, was die Pflanze da durchmachte: Während ihre grünen Blättchen aufrecht wie immer standen, begann ihr »Organismus« bereits abzusterben. Irgendeine Art von »Gehirn«-Zellen in ihrem Innern erzählte uns, was da geschah.

Der *Prawda*-Reporter interviewte auch Prof. Iwan Isidorowitsch Gunar, den Leiter der pflanzenphysiologischen Abteilung der Akademie. Dieser hatte gemeinsam mit seinen Mitarbeitern Hunderte von Versuchen durchgeführt, die alle bestätigten, dass Pflanzen elektrische Impulse besitzen, die den wohlbekannten Nervenimpulsen beim Menschen ähneln. Der *Prawda*-Artikel vermerkte, dass Gunar von seinen Pflanzen wie von Menschen sprach und die Gewohnheiten, Eigentümlichkeiten und Vorlieben jeder einzelnen unterschied. »Er scheint sich sogar mit ihnen zu unterhalten«, schrieb Tschertkow, »und ich habe den Eindruck, die Pflanzen hören diesem gütigen Mann aufmerksam zu. Nur Menschen mit einer gewissen Ausstrahlung können eine solche Verbindung herstellen. Man hat mir von einem Testpiloten erzählt, der seinem bockenden Flugzeug gut zuredete, und ich selbst habe einen alten Kapitän gekannt, der mit seinem Schiff sprach.«

Gunars erster Assistent, Leonid A. Panischkin, ein ehemaliger Ingenieur, wurde vom *Prawda*-Reporter gefragt, weshalb er seinen eigentlichen Beruf aufgegeben habe, um im Laboratorium zu arbeiten, und er gab zur Antwort: »Nun, früher hatte ich mit Metallurgie zu tun, jetzt aber mit Leben.« Im gleichen Sinne äußerte sich eine junge Mitarbeiterin, Tatjana Tsimbalist, die versicherte, dass sie, seit sie mit Gunar arbeite, »gelernt habe, die Natur mit anderen Augen zu sehen«.

Panischkin betonte, er sei vor allem daran interessiert, herauszufinden, welche Bedingungen den spezifischen Bedürfnissen der Pflanzen am ehesten entsprechen, und wie »unsere grünen Freunde« – so nannte sie der Reporter – auf Licht und Dunkel reagieren. Mit Hilfe einer Speziallampe, die Sonnenschein vortäuschte, fand er heraus, dass Pflanzen nach so einem künstlich verlängerten Tag sehr müde waren und dringend Ruhe brauchten. Er hoffte, dass es eines Tages für Pflanzen die Möglichkeit geben werde, die Lichter in den Gewächshäusern selbst nach Belieben ein- und ausschalten zu können: »Ein lebendiges elektrisches Relais.«

Es könnte sein, dass die Studien des Gunar-Teams für die Pflanzenzucht neue Ausblicke eröffnen, denn man hat herausgefunden, dass sich mit bestimmten Instrumenten Pflanzen, die widerstandsfähiger sind gegenüber Hitze, Kälte und anderen klimatischen Faktoren, innerhalb von Minuten »heraustesten« lassen, während bisher Genetiker Jahre brauchten, um diese Eigenschaften nachzuweisen.

Eine Delegation der amerikanischen Association for Research and Enlightenment (ARE) besuchte die Sowjetunion im Sommer 1971. Man führte den Amerikanern – vier Ärzten, zwei Psychologen, einem Physiker und zwei Lehrern – einen Film von Panischkin vor mit dem Titel *Sind Pflanzen empfindungsfähig?* Der Film zeigte, welche Auswirkungen Umweltfaktoren wie Sonnenlicht, Wind, Wolken, das Dunkel der Nacht, die Berührungsreize von Fliegen und Bienen, Verletzungen durch Chemikalien, Verbrennungen und sogar die bloße Nähe einer Stange oder sonst einer Stützmöglichkeit, an der eine Ranke Halt finden kann, auf Pflanzen haben. Weiter zeigte der Film, dass durch das Eintauchen einer Pflanze in Chloroformdämpfe die charakteristischen bioelektrischen Spannungsstöße ausgeschaltet werden können, die sonst normalerweise auftreten, wenn man einem Blatt einen starken Schlag versetzt. Schließlich wurde noch darauf hingewiesen, dass die Sowjets die Charakteristika dieser Spannungsstöße studieren, um den jeweiligen Gesundheitsgrad einer Pflanze zu bestimmen.

Einer der amerikanischen Ärzte, William McGarey, Leiter des medizinischen Forschungszentrums der ARE in Phoenix, Arizona, stellte in seinem Bericht fest, das Fesselndste an dem Film sei die Methode der Datenaufzeichnung gewesen. Zeitrafferaufnahmen ließen das Wachsen der Pflanzen wie einen Tanz erscheinen. Blumen öffneten und schlossen sich, als seien sie Wesen, die in einer anderen Zeitdimension lebten. Alle Veränderungen, die durch Verletzungen ausgelöst wurden, registrierte ein hochempfindlicher Polygraph, an dem die Pflanzen angeschlossen waren.

Im April 1972 brachte die *Weltwoche* einen Bericht über die

Arbeiten von Backster und Gunar, in dem es hieß, beide hätten ihre Forschungen gleichzeitig und unabhängig voneinander durchgeführt. Noch in der gleichen Woche erschien dieser Artikel, ins Russische übersetzt, in *Za Rubezhom* (Ausland), einer vom Journalistenverband der UdSSR in Moskau herausgegebenen wöchentlichen Revue der ausländischen Presse, unter dem Titel »Die wundervolle Welt der Pflanzen«.

Der *Weltwoche*-Artikel erregte auch die Aufmerksamkeit des Herausgebers der Moskauer Zeitung *Iswestija*. Er beauftragte den Reporter M. Matwejew, einen Bericht über diese Phänomene zu schreiben. Obwohl dieser Zeitungsmann Backsters Meinung, dass Pflanzen Gedächtnis, Sprache und sogar gewisse altruistische Neigungen besäßen, erwähnte, überging er bemerkenswerterweise Backsters Aufsehen erregendste Entdeckung: dass sein Philodendron die Absicht, es zu verletzen, wahrgenommen hatte.

Der *Iswestija*-Reporter witterte eine Sensation und fuhr nach Leningrad, wo er den Direktor des Laboratoriums für Biokybernetik am Institut für Agrophysik interviewte, um eine fachkompetente Stellungnahme zu erhalten.

Das Institut für Agrophysik war vor über vierzig Jahren auf Betreiben des berühmten Festkörperphysikers Abram Feodorowitsch Joffe gegründet worden. Er hatte sich ganz besonders für die praktische Anwendung der Physik bei der Entwicklung neuer Produkte interessiert, zunächst in der Industrie, dann auch in der Landwirtschaft. Nachdem das Institut seine Tore geöffnet hatte, wurde Karamanow, damals ein junger Biologe, von Joffe dazu angeregt, sich mit den Gebieten der Halbleiter und der Kybernetik vertraut zu machen. Und nach einiger Zeit baute er Mikrothermistoren und andere Instrumente, um die Temperatur von Pflanzen, die Strömungsmenge der Flüssigkeit in ihren Stielen und Blättern, ihre Transpirationsintensität, ihre Wachstumsgeschwindigkeit und die Charakteristika ihrer Strahlung zu untersuchen. Bald verfügte er über detaillierte Informationen, wann und wie viel eine

Pflanze zu trinken wünscht, ob sie nach mehr Nährstoffen verlangt, oder wann ihr zu heiß bzw. zu kalt ist.*

Laut dem Bericht des *Iswestija*-Reporters zeigte Karamanow, dass eine gewöhnliche Bohnenpflanze so etwas wie »Hände« erworben hatte, mit denen sie einem Instrumenten-Gehirn signalisieren konnte, wie viel Licht sie brauchte. Wenn das Gehirn den »Händen« Signale schickte, »mussten diese nur ein Relais schalten, und die Pflanze konnte auf diese Weise selbständig die optimale Länge ihrer ›Tages‹- und ›Nacht‹-Zeit festlegen.« Später, als die gleiche Bohne auch noch »Beine« bekommen hatte, konnte sie via Instrument sogar mitteilen, wann sie Wasser haben wollte. »Sie erwies sich als völlig vernünftiges Wesen«, hieß es in dem Bericht weiter, »sie soff nämlich keineswegs blindlings drauflos, sondern trank nur zwei Minuten pro Stunde, und regulierte so ihren Wasserbedarf mit Hilfe eines künstlichen Mechanismus. Das war eine echte wissenschaftliche und technische Sensation.«

Auf die Frage, ob er meine, dass Backster etwas Neues entdeckt habe, antwortete Karamanow etwas herablassend: »Absolut nicht. Dass Pflanzen fähig sind, ihre Umwelt wahrzunehmen, weiß man seit jeher. Ohne Wahrnehmung gibt es keine Anpassung, kann es gar nicht geben. Hätten Pflanzen keine Sinnesorgane und keine Möglichkeit, Informationen in einer eigenen Sprache weiterzugeben, zu speichern und zu verarbeiten, würden sie unweigerlich zugrunde gehen.«

Karamanow hatte im Laufe des ganzen Interviews noch kein einziges Wort über die Fähigkeit der Pflanzen, menschliche Gedanken und Gefühle zu empfangen – Backsters wirklich sensationelle Entdeckung –, verloren und schien vergessen zu haben, dass Backsters Philodendron imstande war, einen »Pflanzenmörder« wiederzuerkennen. Jetzt fragte er den *Iswestija*-Reporter: »Können Pflanzen Umrisse und Formen unterscheiden? Können

---

* »The Application of Automation and Cybernetics to Plant Husbandry«, in *Reports of the* USSR *Academy of Sciences*, 1959.

sie, zum Beispiel, einen Mann, der ihnen eine Verletzung beibringt, von einem andern unterscheiden, der ihnen Wasser gibt?« Karamanow beantwortete seine Frage gleich selbst: »Ich weiß es nicht. Und nicht etwa, weil ich daran zweifelte, dass Backsters Versuche völlig korrekt durchgeführt und mehrfach wiederholt worden sind, obwohl möglicherweise eine Tür zugefallen sein könnte, oder ein Lufthauch in den Raum wehte oder sonst etwas. Tatsache ist, dass weder er noch wir noch irgendjemand sonst auf der Welt bereits *alle* Pflanzen-Antworten entziffern kann. Keiner kann hören und verstehen, was sie zueinander ›sagen‹ oder was sie uns ›zurufen‹.«

Karamanow meinte, dass es eines Tages möglich sein würde, auf kybernetischem Wege alle physiologischen Prozesse der Pflanzen zu steuern, nicht, wie er sich ausdrückte, »um der Sensation willen, sondern zum Wohl und Nutzen der Pflanzen selbst«. Wenn Pflanzen einmal imstande sein werden, ihre Umwelt zu beeinflussen und mit Hilfe von elektronischen Apparaten optimale Bedingungen für ihr Wachstum herzustellen, wird dies ein großer Schritt nach vorn sein auf dem Weg zu reicheren Getreide- und Gemüsearten. Karamanow machte deutlich, dass diese Erfolge nicht unmittelbar vor der Türe stünden, und fügte hinzu: »Wir beschäftigen uns nicht mehr damit, die den Pflanzen eigentümliche Sprache zu erlernen und mit ihnen zu sprechen. Wir sind dabei, Kriterien herauszuarbeiten, die uns helfen werden, das Leben der Pflanzen unter Kontrolle zu bringen. Auf diesem schwierigen, aber faszinierenden Weg erwarten uns noch zahlreiche Überraschungen.«

Im Sommer 1972 folgte auf den Bericht in der *Iswestija* ein Artikel in der Monatszeitschrift *Nauka i Religija* (Wissenschaft und Religion). Der Autor des Artikels, Ingenieur A. Merkulow, berichtete, wie die Pflanze des »amerikanischen Kriminologen« Backster nicht nur auf den Verbrühungstod von Kleinkrebschen, sondern auch auf die Gegenwart des Mörders ihrer Nachbarpflanze reagiert hatte. Ähnliche Reaktionen von Pflanzen seien auch bei Experimenten in der Staatsuniversität von Alma-Ata entdeckt worden. Dort hätten Wissenschaftler festgestellt, dass Pflanzen immer wieder auf Krankheiten oder Launen ihrer Besitzer reagieren.

Auch die schon früher nachgewiesene Tatsache, dass Pflanzen ein »Kurzzeitgedächtnis« besitzen, sei, so Merkulow, von den Wissenschaftlern aus Kasachstan bestätigt worden. Bohnen, Kartoffeln, Weizen und Hahnenfuß *(Ranunculus)* schienen nach einer angemessenen »Belehrung« in der Lage zu sein, sich an die Frequenz von Lichtblitzen aus einer Xenon-Wasserstoff-Lampe zu erinnern. Die Pflanzen wiederholten die Impulse mit einer – wie Merkulow betonte – »außergewöhnlichen Genauigkeit«, und, nachdem der Hahnenfuß eine gegebene Frequenz sogar noch nach achtzehn Stunden wiederholen konnte, war es möglich, von einem »Langzeitgedächtnis« bei Pflanzen zu sprechen.

Nach Merkulow gingen die Wissenschaftler als nächstes dazu über, ein Philodendron darauf abzurichten, dass es bemerkte, wenn man ein erzhaltiges Felsstück neben es legte. Sie »erzogen« das Philodendron mit Hilfe des Pawlowschen »bedingten Reflexes« und »bestraften« es jedes Mal mit einem elektrischen Schlag, wenn sie ein Stück Erzgestein in seine Nähe brachten. Sie berichteten, dass die Pflanze nach der Konditionierung jedes Mal, wenn das erzhaltige Gestein neben sie gelegt wurde, »ängstlich erregt« reagierte. Außerdem konnte die Pflanze zwischen einem erzhaltigen und einem ähnlich aussehenden Steinblock *ohne* Erzgehalt unterscheiden. Das könnte darauf hindeuten, dass man eines Tages Pflanzen bei der Erzsuche einsetzen könnte.

Merkulow schloss seine Reportage mit dem Gedanken, dass das eigentliche Ziel der neuen Versuchsreihen die Überwachung und Beherrschung aller Vorgänge des Pflanzenwachstums sei. An einem physikalischen Institut in der sibirischen Stadt Krasnojarsk, schrieb er, »sind sogar schon jetzt Physiker dabei, das Wachstum der einzelligen Grünalge *Chlorella* zu lenken. Die Versuche gehen weiter und werden zunehmend komplexer, und es besteht kein

Zweifel, dass in naher Zukunft die Wissenschaftler imstande sein werden, das Wachstum nicht nur dieser einfachen, sondern auch der höheren Pflanzen zu kontrollieren.«

Merkulow reizte seine Leser mit der verlockenden Idee, dass sich diese Kontrolle leicht über weite Entfernungen hin ausüben lassen könnte. »Wenn der Mensch weiß, wie er Pflanzen ›verstehen‹ kann, wird er Geräte konstruieren, die selbsttätig ganze Felder so überwachen, dass sie zu jeder beliebigen Zeit alle Bedürfnisse des Getreides befriedigen können. Der Tag ist nicht mehr fern, an dem Wissenschaftler über die Anpassungs- und Widerstandsfähigkeit von Pflanzen gegenüber ungünstigen Umweltbedingungen eine Theorie erstellen werden, die auch die Reaktionen der Pflanzen auf verschiedene Reize oder auf Herbizide mit einbezieht.«

Gegen Ende des Jahres 1972 wurde den russischen Lesern noch mehr Stoff zum Nachdenken geboten. Die beliebte Illustrierte *Znanija Sila* (Wissen ist Macht) veröffentlichte den Artikel »Blumen-Signal«. Diesmal war der Autor weder ein sensationshungriger Journalist noch ein begeisterter Ingenieur, sondern ein Professor und Doktor der Psychologie – V. N. Puschkin. Weit entfernt davon zu behaupten, der amerikanische Kriminologe Backster habe eigentlich gar nichts Neues entdeckt, brachte Puschkin zuerst eine ausführliche Beschreibung von Backsters Kleinkrebs-Experimenten. Dann berichtete er seinen Lesern, dass ihn einer seiner jungen Kollegen, V. M. Fetisow, als Erster auf Backsters Erfolge aufmerksam gemacht habe und ihn überredete, den Backster-Effekt näher zu erforschen. Fetisow brachte eine gewöhnliche Topfgeranie von zu Hause mit und schloss sie an einen Enzephalographen an.

Als Fetisow gerade seine ersten Versuche machte, um eine Reaktion seiner Topfpflanze zu erreichen, hörte Georgi Anguschew, ein bulgarischer Student, der am Lenin-Pädagogik-Institut in Moskau an seiner Psychologie-Dissertation arbeitete, von den Fetisow-Puschkin-Experimenten und kam in ihr Laboratorium, um zu sehen, was da vor sich ging. Puschkin fand in Anguschew einen vielseitig talentierten jungen Forscher, vor allem aber entpuppte er sich, was im Hinblick auf ihre »psychobotanischen Versuche« besonders wichtig war, als ausgezeichneter Hypnotiseur.

Fetisow und Puschkin nahmen an, dass eine hypnotisierte Versuchsperson einer Pflanze ihre Emotionen direkter und spontaner übermitteln könne, als ein »normaler« Mensch. Sie hypnotisierten ein junges Mädchen, Tanja, das Puschkin als »lebhaft, spontan und gefühlsstark« schilderte. Sie suggerierten ihr zuerst, sie sei eine der schönsten Frauen der Welt, dann, dass sie in rauem, eisigem Wetter vor Kälte zittere. Bei jedem Wechsel der Gefühlslage des Mädchens reagierte die am Enzephalographen angeschlossene Pflanze mit einem entsprechenden Diagramm. »Es gelang uns«, berichtet Puschkin, »eine elektrische Reaktion hervorzurufen, sooft wir einen Versuch anstellten, sogar auf die eigenwilligsten Suggestionen hin.«

Um den Vorwurf zu entkräften, die Pflanzenreaktionen seien nur umweltbedingte Zufallsergebnisse«, ließen die Moskauer Psychologen ihren Enzephalographen auch zwischen den einzelnen Experimenten stundenlang eingeschaltet, konnten aber nie feststellen, dass das Gerät Reaktionen aufgezeichnet hätte, wie sie in der Pflanze hervorgerufen wurden, wenn man einer hypnotisierten Versuchsperson Emotionen suggerierte.

Puschkin und Fetisow wollten dann herausbekommen, ob die Pflanze wirklich eine Lüge aufdecken konnte, wie Backster es behauptet hatte. Sie forderten Tanja auf, an eine Zahl zwischen 1 und 10 zu denken. Gleichzeitig aber wurde ihr eingeschärft, dass sie die betreffende Zahl unter gar keinen Umständen verraten dürfe. Dann zählten die Forscher langsam von 1 bis 10 und fragten nach jeder Zahl, ob das nun die richtige sei. Jedes Mal antwortete Tanja mit einem entschiedenen »Nein«. Obwohl die Psychologen in ihren Antworten keine Unterschiede feststellen konnten, zeigte die Pflanze eine spezifische und deutliche Reaktion, als das Mädchen die Zahl 5 nannte. Es war die Zahl, die Tanja gewählt hatte und nicht verraten durfte.

In seinen Schlussfolgerungen stellte Puschkin fest, er habe den Eindruck, dass bei der Fortsetzung des von Backster eingeschlagenen Weges Fortschritte zu erzielen seien. Man könne in die kniffligen Probleme der Funktionsweise des menschlichen Gehirns eindringen, das Pawlow vor über einem halben Jahrhundert die »Krone der irdischen Natur« genannt hatte. Die Aufgabe, die Geheimnisse des Gehirns und seiner Tätigkeit zu enthüllen, hielt er für so wichtig und vielschichtig, »dass dazu die Gesamtheit aller denkerischen Findigkeit erforderlich sei, das heißt völlige Freiheit und kühnes Abweichen von festgelegten Forschungsmethoden.«

Puschkin betonte, dass die Feststellung des berühmten Physiologen 1972 noch ebenso gültig sei wie zu dem Zeitpunkt, als er sie gemacht hatte. So benutzte er Pawlow als Schutzschild gegen die Attacken, die er offenbar von seinen Kollegen erwartete. Für den Fall, dass seine Botschaft noch nicht deutlich genug sein sollte, fügte er hinzu: »Die Erfahrung hat im Laufe der Entwicklung der Naturwissenschaften, insbesondere der Physik gezeigt, dass man sich vor neuen Entdeckungen nicht zu fürchten braucht, wie paradox sie auf den ersten Blick auch erscheinen mögen.«

Abschließend versuchte der Moskauer Professor eine Erklärung der Pflanzenreaktionen zu geben: »Vielleicht gibt es eine spezifische Verbindung zwischen den beiden Informationssystemen, den Pflanzenzellen und dem Nervensystem. Die Sprache der Pflanzenzelle könnte mit derjenigen der Nervenzelle verwandt sein. Diese beiden völlig verschiedenen lebenden Zellen scheinen fähig zu sein, einander zu ›verstehen‹.«

Weiter theoretisierte Puschkin, dass in den Zellen einer Pflanze Prozesse ablaufen könnten, die den Denkvorgängen irgendwie verwandt sind, und stellte die Behauptung auf, dass die menschliche Psyche, dass Wahrnehmung, Denken und Gedächtnis nur

Spezialisierungen seien von Prozessen, die schon auf dem Niveau der Pflanzenzellen vorkommen.

Puschkin machte geltend, dass dieser Schluss äußerst wichtig sei, weil er zu neuem Nachdenken über den Ursprung des Nervensystems Anlass gäbe. Er stellt fest, dass im Laufe der Wissenschaftsgeschichte höchst verschiedene Antworten gegeben wurden auf die Frage, was denn eigentlich der Informationsgrundstoff im menschlichen Denken sei: Sind die Nervenzellen Bausteine eines lebenden kybernetischen Automaten, oder sind nicht die Zellen, sondern ihre Molekularbestandteile die Informations-Grundeinheiten?

»Was übt nun tatsächlich den Reiz auf die Pflanze aus?«, fragte Puschkin und gab zur Antwort, dass es sich vielleicht um eine Art biophysikalisches Energiemuster handeln könnte, das vom Organismus des Menschen in dem Augenblick »ausgesandt« wird, wenn ein markanter emotioneller Zustand erreicht ist, und das Informationen über die Person, von der es ausgeht, transportiert. Was auch immer sich schließlich als richtig herausstellen werde, fuhr Puschkin fort, eines sei sicher: »Die Erforschung der wechselseitigen Beziehungen von Mensch und Pflanze kann einige der brennendsten Fragen der modernen Psychologie ganz neu beleuchten.«

Magie und Mysterium der Pflanzenwelt, die den Hintergrund all dieser wissenschaftlichen Aktivitäten bilden, waren erst kürzlich (Ende 1972) auch Thema eines neuen Buches des beliebten Schriftstellers Wladimir Solouchin: *Gras*. Der Autor meint mit »Gras« eigentlich alles, was wächst. Er war von dem Bericht über Gunars Arbeit in der *Prawda* fasziniert und wunderte sich, dass er unter seinen russischen Mitbürgern nicht mehr Aufsehen erregt hatte.

»Mag sein, dass die Ansätze von Gedächtnis bei Pflanzen darin mehr am Rande behandelt werden«, schreibt er, »aber es steht zumindesten schwarz auf weiß da! Und dennoch, niemand ruft seine Freunde oder Nachbarn an, niemand stammelt mit freudetrunkener Stimme: Hast du schon das Neueste gehört? Pflanzen können fühlen! Sie empfinden Schmerz! Sie schreien auf! Pflanzen können sich an alles erinnern!«

Solouchin, der seine »Entdeckung« ganz aufgeregt allen Freunden mitteilte, erfuhr dabei, dass man auch in der Sowjetunion, in Akademgorodek in Sibirien, Experimente mit Pflanzen angestellt hat, die alle auf die eine Tatsache hinweisen: Pflanzen haben ein Gedächtnis. Sie sind fähig, Eindrücke zu empfangen und sie über lange Zeiträume hinweg zu erhalten. Man ließ einen Mann eine Geranie mehrere Tage lang quälen. Er zwickte und zerrte sie, stach ihre Blätter mit einer Nadel, tropfte Säure auf ihre »Haut«, versengte sie mit einem brennenden Streichholz und schnitt in ihre Wurzeln. Ein anderer Mann dagegen kümmerte sich rührend um die gleiche Geranie, gab ihr Wasser, hackte ihren Boden auf, besprühte ihre Blätter, stützte ihre schweren Seitentriebe und behandelte ihre Verbrennungen und Wunden. Dann verband man die Instrumente mit Hilfe von Elektroden mit der Pflanze – und was geschah? Kaum trat der Peiniger in die Nähe der Pflanze, schlug der Schreiber wie wild aus. Die Pflanze war nicht etwa nur »nervös«, sie fürchtete sich, sie war in höchster Panik. Wenn sie gekonnt hätte, würde sie sich entweder aus dem Fenster gestürzt oder ihren Peiniger angefallen haben. Sobald der Bösewicht jedoch gegangen war, und sich an seiner Stelle der Wohltäter neben die Pflanze stellte, beruhigte sich die Geranie. Die Impulse wurden schwächer, und der Schreiber zog weiche – man könnte beinahe sagen zärtliche – Linien auf dem Diagrammstreifen.

Die sowjetischen Forscher entdeckten nicht nur, dass die Pflanze Freund und Feind erkennen kann, sondern auch, dass eine Pflanze, die Wasser erhält, irgendwie imstande ist, dieses mit einer durstigen Nachbarpflanze zu teilen. In einem Forschungsinstitut wurde einem Getreidehalm, der in einen Glasbehälter gepflanzt worden war, mehrere Wochen lang kein Wasser gegeben. Dennoch ging er nicht ein. Er blieb so frisch wie die anderen Getreidehalme, die unter normalen Bedingungen in seiner Nähe wuchsen. Irgendwie muss Wasser von den gesunden Pflanzen zu dem »Gefangenen« im Glasgefäß übertragen worden sein. *Wie* das geschehen konnte, davon haben die Wissenschaftler allerdings keine Ahnung.

So seltsam es auch klingen mag: Eine Art Übertragung von Pflanze zu Pflanze hat auch bei Experimenten stattgefunden, die 1972 in England von Dr. A. R. Bailey unternommen wurden. In einem künstlich beleuchteten Treibhaus, in dem Temperatur, Feuchtigkeit und Licht sorgfältig kontrolliert wurden, litten zwei Pflanzen unter Wassermangel. Bailey und seine Mitarbeiter maßen die Spannungen, die zwischen den beiden Pflanzen auftraten: Wenn eine der Pflanzen mit Hilfe von Plastikröhren von außen gewässert wurde, reagierte auch die andere darauf. Bailey berichtet: »Es gab keine elektrische oder sonstige physikalische Verbindung zwischen den beiden Pflanzen, aber irgendwie merkte die eine, was bei der andern vor sich ging.«

Noch liegt für uns die »Innenwelt« der Pflanzen »hinter siebenundsiebzig Siegeln verborgen«, wie Professor I. Sabelin von der Moskauer Universität sagt.

Doch immer mehr sowjetische Wissenschaftler wollen den Geheimnissen dieser Welt auf die Spur kommen.

Den Anstoß für alle diese Pflanzenstudien verdanken die russischen Forscher dem hervorragenden indischen Physiologen und Biophysiker Sir Jagadis Chunder Bose, dessen Werke jedoch schon zu seinen Lebzeiten von der westlichen Wissenschaft totgeschwiegen und seit seinem Tode kaum mehr zitiert wurden.

1964 ehrte die Sowjetunion diesen vergessenen Wissenschaftler mit einer Auswahlausgabe seiner Werke. Diese Werke zeigen, dass es Sir Jagadis Chunder Bose bereits damals gelungen war, die überlieferte Weisheit des Ostens mit der exakten modernen Wissenschaft und der Sprache des Westens zu verbinden.

6
Indien, Wiege der Pflanzenforschung

Nördlich der Universität Kalkutta steht ein eindrucksvoller Komplex von Gebäuden aus grauem und rotem Sandstein, errichtet in der klassischen Bauweise des vorislamischen Indien. Das Hauptgebäude, bekannt als »Indischer Tempel der Weisheit«, trägt die Inschrift: »Dieser Tempel ist den Füßen Gottes geweiht, weil er Indien Ehre und der Welt Glückseligkeit gebracht hat.«

Gleich nach dem Eintritt stößt man auf Glasvitrinen mit höchst interessanten Instrumenten, die vor mehr als fünfzig Jahren konstruiert wurden, um Wachstum und Verhalten von Pflanzen mit Hilfe einer manchmal zehnmillionenfachen Vergrößerung so genau wie nur möglich zu erforschen. Diese Apparaturen sind die stummen Zeugen der genialen Begabung eines großen bengalischen Wissenschaftlers, der Physiker, Physiologe und Psychologe in einer Person war und der mehr über Pflanzen entdeckte als je ein Mensch vor und vielleicht auch nach ihm, der aber von den Vertretern jener Wissensgebiete, auf die er sich spezialisiert hatte, nur selten erwähnt wird.

Die Gebäude und Gartenanlagen beherbergen das Forschungsinstitut, das Sir Jagadis Chunder Bose schuf, über dessen Arbeit auf dem Gebiet der Pflanzenphysiologie die *Encyclopaedia Britannica* fast ein halbes Jahrhundert nach seinem Tod lediglich zu berichten weiß, dass sie seiner Zeit so weit voraus gewesen sei, dass man ihren Wert noch immer nicht genau einzuschätzen vermag.

Bose studierte Physik, Chemie und Botanik in England, und lehrte als Professor für Physik am Presidency College von Kalkutta.

Ihm standen für seine Forschungen keine anderen Mittel zur Verfügung als sein eigenes Einkommen, ein sechsunddreißig Quadratmeter großer Raum, der als Laboratorium diente, und ein des Lesens und Schreibens unkundiger Klempner, den er zu seinem Mechaniker ausbildete. So begann er im Jahre 1894 zu arbeiten. Er wollte die Instrumente, die Heinrich Rudolph Hertz zur Übertragung von Radiowellen entwickelt hatte, verbessern.

Während Marconi in Bologna immer noch versuchte, elektrische Signale auf drahtlosem Weg zu übermitteln, waren Boses Experimente bereits von Erfolg gekrönt. Im Jahre 1895, ein Jahr bevor Marconis Patent ausgestellt wurde, lenkte Bose vor einer Versammlung im Rathaus von Kalkutta elektrische Wellen vom Vortragssaal aus durch drei Zwischenwände hindurch bis zu einem dreiundzwanzig Meter entfernten Raum, wo sie ein Relais auslösten, das eine schwere Eisenkugel wegschleuderte, eine Pistole abfeuerte und ein kleines Bergwerk sprengte.

Nun begann sich auch die British Royal Society (vergleichbar einer Akademie der Wissenschaften), für Boses Arbeiten zu interessieren. Sie forderte ihn auf, in ihren Sitzungsberichten einen Artikel über die »Bestimmung der Wellenlänge von elektrischer Strahlung« zu publizieren und bot ihm finanzielle Unterstützung aus ihrem Fond zur Förderung der Wissenschaften an. Überdies wurde Bose der Doktor für Physik der Universität London verliehen.

Jeden freien Augenblick, der ihm neben seiner aufreibenden Lehrtätigkeit blieb, nutzte Bose, um seine Forschungen eisern voranzutreiben, 1899 stellte er etwas Merkwürdiges fest: Bei ständigem Gebrauch verringerte sich die Empfindlichkeit seines Metalldetektors zum Empfang von Radiowellen, normalisierte sich nach einer »Ruhepause« jedoch wieder. Er kam zu dem Schluss, dass Metalle vielleicht ebenso wie müde Tiere und Menschen einen Regenerationsprozess durchmachen müssen. Weitere Arbeiten ließen Bose zu der Überzeugung gelangen, dass die Grenze zwischen so genannten »nichtlebenden« Metallen und »lebenden«

Organismen keineswegs scharf zu ziehen ist, und er begann mit einer vergleichenden Untersuchung von Kurven molekularer Reaktionen bei anorganischen Substanzen und lebendem tierischen Gewebe.

Zu seiner Überraschung und Verwunderung zeigten die Kurven eines schwach erwärmten Magneteisenerzes verblüffende Ähnlichkeit mit den Reaktionskurven von Muskeln. Bei beiden verminderte sich als Folge starker Inanspruchnahme Reaktions- und Regenerationsvermögen, doch konnte ihre Ermüdung durch sanftes Massieren oder ein warmes Bad wieder beseitigt werden. Auch bei anderen Metallzusammensetzungen konnte er ähnliche Reaktionen hervorrufen. Wenn man die Oberfläche eines Metalls mit Säure ätzt und dann poliert, um alle Ätzspuren zu beseitigen, zeigt sich an den mit Säure behandelten Stellen eine Reaktion, die an den unbehandelten Stellen nicht festzustellen ist. Bose meinte, dass die betroffenen Abschnitte sich irgendwie an die Behandlung »erinnerten«. Er entdeckte, dass Kalium sein Regenerationsvermögen fast gänzlich verliert, wenn es mit verschiedenen Fremdsubstanzen behandelt wird – in etwa vergleichbar der Reaktion von Muskelgewebe auf Giftstoffe.

Kurze Zeit später kam Bose die Idee, dass man – sollten seine Beobachtungen wirklich richtig sein – ähnliche Wirkungen auch bei Pflanzen erzielen müsste. Da Pflanzen nach allgemeiner Ansicht kein Nervensystem besitzen, spricht man ihnen auch ein Reaktionsvermögen ab. Bose pflückte also mehrere Rosskastanienblätter, experimentierte mit ihnen und stellte fest, dass sie auf verschiedene »Reize« mehr oder weniger so wie seine Metalle und Muskeln reagierten. Ganz aufgeregt eilte er daraufhin zum Gemüsehändler und erstand einen Sack mit gelben und weißen Rüben, die ja von allen Gemüsesorten den »stumpfsten« und »unempfindlichsten« Eindruck machen – und sie erwiesen sich als höchst sensibel. Bose entdeckte auch, dass er Pflanzen, die er chloroformierte, ebenso erfolgreich anästhesieren konnte wie Tiere, und dass auch sie wieder zu neuem Leben erwachten, wenn die betäubenden Dämpfe fortgeblasen wurden. Einen riesigen Nadelbaum »beruhigte« Bose mit Chloroform und konnte ihn so ausgraben und umpflanzen, ohne ihm den sonst üblichen tödlichen Schock zuzufügen.

Als Sir Michael Foster, der Sekretär der Royal Society, Bose eines Morgens in seinem Labor aufsuchte, um einmal mit eigenen Augen zu sehen, was da so vor sich ging, zeigte ihm Bose einige seiner Aufzeichnungen. Daraufhin meinte Foster scherzend: »Aber, aber, Bose, was ist denn so neu an dieser Kurve? So was kennen wir doch schon seit mindestens einem halben Jahrhundert!«

»Was ist es denn Ihrer Ansicht nach?«, wollte Bose wissen.

»Die Kurve einer Muskelreaktion natürlich!«, antwortete Foster gereizt.

Bose blickte den Professor fest an und erklärte: »Ich muss Sie leider enttäuschen, aber diese Kurve gibt die Reaktion von metallischem Zinn wieder!«

Foster war sprachlos. »Was?«, rief er und sprang von seinem Stuhl hoch, »Zinn? Haben Sie Zinn gesagt?«

Bose zeigte Foster alle seine Ergebnisse. Der war fasziniert und verblüfft und lud Bose augenblicklich ein, an einem der kommenden Freitagabende der Royal Institution über seine Entdeckungen zu berichten. Der Vortrag, der am 10. Mai 1901 stattfand, wurde – zu Boses Überraschung – außerordentlich freundlich aufgenommen.

Einen Monat später wiederholte Bose seinen Vortrag vor der Royal Society und wurde ganz unerwartet angegriffen. »Der große, alte Mann Englands auf dem Gebiet der Physiologie«, Sir John Burdon-Sanderson, dessen Arbeit vor allem dem Studium des Muskelverhaltens und der Bewegungen der Venusfliegenfalle gewidmet gewesen war, bewunderte zwar Boses Arbeit auf dem Gebiet der Physik, warf ihm aber vor, er habe sich mit seiner Forschung auf ein Terrain gewagt, das dem Physiologen vorbehalten sei. Auch bezeichnete Sir John jede elektrische Reaktion einer

Pflanze kategorisch als unmöglich, nachdem »er selbst jahrelang versucht hatte, eine Reaktion zu erhalten, und seine Bemühungen stets erfolglos geblieben waren«. Er verlangte deshalb, Bose solle den Titel seiner Arbeit dementsprechend abändern.

In seiner Entgegnung erklärte Bose, dass sein Kritiker die experimentell nachgewiesenen *Fakten* augenscheinlich nicht in Frage stelle. Wenn er daher lediglich aufgrund seiner *Autorität* eine Änderung des Titels und somit eine Verfälschung von Sinn und Zweck der Arbeit verlange, so könne er, Bose, dem nicht zustimmen. Es schien Bose nach seinen eigenen Worten unverständlich, dass die Royal Society sich einen Standpunkt zu eigen machen könne, der leugne, dass Wissen die uns bekannten Grenzen überschreiten könne. Falls ihm nicht wissenschaftlich *bewiesen* werde, dass seine Experimente fehlerhaft oder falsch seien, bestehe er auf der Veröffentlichung seiner Arbeit so wie er sie geschrieben habe.

Daraufhin lehnte die Royal Society die Veröffentlichung von Boses Arbeit in ihren *Proceedings* ab.

Diese Kontroverse mit den Physiologen erweckte das Interesse von Boses ehemaligem Lehrer, Professor Sidney Howard Vines, einem bekannten Botaniker und Pflanzenphysiologen in Oxford. Er suchte Bose auf und bat, seine Experimente beobachten zu dürfen. Vines kam in Begleitung von T. K. Howes, dem Nachfolger von T. H. Huxley am Institut für Botanik des Britischen Museums in South Kensington. Als die Männer bemerkten, wie die Pflanze auf einen Reiz reagierte, rief Howes: »Huxley hätte Jahre seines Lebens gegeben, um ein solches Experiment zu sehen.« Als Sekretär der Linné-Gesellschaft erklärte er, seine Gesellschaft wolle die Arbeit publizieren. Gleichzeitig lud er Bose ein, seine Experimente vor Physiologen, seinen besonderen Widersachern, zu wiederholen. Der Vortrag wurde ein voller Erfolg und begeisterte die anwesenden Fachleute ohne Ausnahme.

Da Pflanzen elektrische Reaktionen zeigten, die auf eine durch mechanische oder sonstige Reize hervorgerufene Erregung hindeuteten, war Bose überrascht, dass diese Erregung nicht auch in einer *sichtbaren Bewegung* Ausdruck fand. Anders als beim Blatt der Mimose, das, wenn es gereizt wird, plötzlich zusammenfällt – eine Folge der Kontraktion der Rindenzellen des Gelenkpolsters oder *Pulvinus* –, schienen andere Pflanzen sich wenig darum zu kümmern, ob sie angekratzt, angesengt oder sonst wie verletzt wurden. Plötzlich kam Bose der Gedanke, dass das Zusammenfallen der Mimosenblätter einfach aufgrund des langen Blattstiels deutlicher zu sehen ist. Um eine eventuelle Kontraktion bei anderen Pflanzen ebenfalls sichtbar zu machen, konstruierte Bose einen besonderen Hebel mit einer Spiegelvorrichtung, mit dessen Hilfe er ganz klar zu zeigen vermochte, dass die *typischen Reaktionen tierischer Gewebe auch bei Pflanzen festzustellen sind.*

Als Ergebnis dieser neuen und detaillierten Untersuchungen erschien 1902 Boses Werk *Response in the Living and Non-Living* (»Reaktionen belebter und unbelebter Organismen«) – das erste einer ganzen Reihe von Büchern zu diesem Thema.

Boses nächstes Ziel war nun, festzustellen, auf welche Weise *mechanische* Bewegungsabläufe bei Pflanzen denen bei Mensch und Tier ähnelten. Da er wusste, dass Pflanzen ohne Kiemen oder Lungen atmen, ohne Magen verdauen und ohne Muskeln Bewegungen ausführen, erschien es ihm durchaus einleuchtend, dass sie vielleicht über die gleiche Art der Erregbarkeit verfügen wie höhere Tiere – lediglich ohne differenziertes Nervensystem.

Die einzige Möglichkeit, Klarheit über die unsichtbaren Veränderungen, die sich in einer Pflanze abspielen, zu erhalten, sah Bose darin, ihre Reaktion auf Reize oder Schocks sichtbar und messbar zu machen. »Um dabei Erfolg zu haben«, schrieb er, »müssen wir eine Kraft ausfindig machen, die die Pflanzen zwingt, ein Antwortsignal zu geben. Außerdem müssen wir Mittel und Wege finden, um diese Signale automatisch in eine verständliche ›Sprache‹ zu übersetzen.«

Zunächst verbesserte er seinen optischen Sphygmographen (Pulsschreiber). Die Vorrichtung bestand aus zwei Trommeln, die mit Hilfe eines Uhrwerks angetrieben wurden und über die fortlaufend ein Papierstreifen lief. Mit dieser Apparatur ließen sich die Reaktionen der Pflanzen registrieren, die durch einen beweglichen Hebel übertragen wurden. Der Hebel war mit einer Reihe von Spiegeln verbunden, die einen Lichtstrahl auf das Papier warfen. Die Bahnen des herumwandernden Lichtflecks, die mit Hilfe eines hin- und hergleitenden Tintenschwamms festgehalten wurden, machten zum ersten Mal Bewegungen in pflanzlichen Organismen sichtbar, die der wissenschaftlichen Welt bislang verborgen geblieben waren.

Dieses Gerät ermöglichte es Bose, zu zeigen, dass die Haut von Eidechsen, Schildkröten und Fröschen sich ähnlich verhält wie die Schalen von Weintrauben, Tomaten und anderen Früchten und Gemüsesorten. Er stellte fest, dass die Verdauungsorgane bei Insekten fressenden Pflanzen – angefangen bei den Tentakeln des Sonnentaus bis zu den behaarten Innenwänden des Kannenstrauchs – wie tierische Mägen arbeiten. Die Reaktion eines Blatts auf Licht weist starke Parallelen zur Reaktion der Retina des tierischen Auges in einer entsprechenden Situation auf. Mit Hilfe seines Vergrößerungsapparates bewies er, dass Pflanzen bei ununterbrochener Reizung ebenso ermüden wie tierische Muskeln – egal ob es sich dabei um hypersensible Mimosen oder um »robuste« Radieschen handelt.

Bose zeigte, dass die Mimose über die gleiche Art von »Reflexbogen« verfügt, die auch uns veranlasst, die Finger vom heißen Herd wegzuziehen, noch bevor wir Schmerz empfinden. Wenn Bose die Spitze eines Blattes an einem mit drei Blättern versehenen Hauptblattstiel berührte, beobachtete er, dass sich die Blättchen des irritierten Blattes von der Spitze in Richtung Stängel allmählich aneinanderlegten, dann sank der Hauptblattstiel oder *Petiolus* nieder; und schließlich schlossen sich die beiden anderen Blätter vom Stängel in Richtung Blattspitze.

Alle Versuchsergebnisse Boses widersprachen der festverankerten Ansicht, dass sich jede Reaktion auf einen Reiz in Form einer explosiven chemischen Veränderung abspielen müsse, die unweigerlich einen Energieverlust nach sich ziehe. Boses Experimente ließen jedoch erkennen, dass die Bewegung der Pflanzen, das Aufsteigen des Saftes und das Pflanzenwachstum der Energie zu verdanken sind, die die Pflanze aus ihrer Umgebung absorbiert und zu speichern vermag.

Statt die zahlreichen, allgemein anerkannten Unterschiede bei den Reaktionen verschiedener pflanzlicher und tierischer Gewebe hervorzuheben, unterstrich Bose stets die vorhandenen Parallelen. Er zeigte, dass der Nerv, der allgemein als typisches Beispiel für fehlende Motilität angesehen wurde, zweifellos einer Bewegung fähig ist, die sich mit mechanischen Mitteln leichter feststellen lässt als mit elektrischen. Während man den Pflanzen jede Fähigkeit absprach, eine Erregung weiterzuleiten, bewies Bose das Gegenteil.

Noch ketzerischer war Boses Ansicht, dass der isolierte pflanzliche Nerv sich nicht vom tierischen Nerv unterscheidet. Er stellte fest, dass die Reaktionen von Pflanze und Tier einander so ähnlich sind, dass man, wenn man beim einen eine charakteristische Reaktion entdeckt hat, mit Sicherheit damit rechnen kann, sie auch beim andern zu finden.

Bose fasste seine Ansichten in einer kurzen Erklärung zusammen: »Dieses riesige Reich der Natur besteht aus vielen Teilreichen, und jedes Teilreich hat seinen eigenen Zugang. Der Physiker, der Chemiker und der Biologe, sie alle betreten das Reich durch verschiedene Pforten, jeder hat sein eigenes Wissensgebiet und jeder ist der Meinung, dass sein Teilbereich nichts mit den anderen zu tun hat. Aus dieser Einstellung entwickelte sich unsere heute geltende Unterteilung in anorganische, vegetabile und empfindungsfähige Bereiche. Wir dürfen jedoch nie vergessen, dass es das Ziel aller Untersuchungen ist, *Wissen in seiner Gesamtheit* zu erlangen.«

Was die Pflanzenphysiologen unter anderem hinderte, Boses revolutionäre Entdeckungen anzuerkennen, war ihre Unfähigkeit, seine empfindlichen Instrumente nachzubauen. Die wachsende Opposition gegen seine grundlegende These, dass Reaktionen bei Pflanzen ähnlich jenen des Nervensystems von Tieren seien, brachte Bose jedoch zu der Überzeugung, dass er noch präzisere Geräte zur automatischen Reizung und Aufzeichnung der Reaktion entwickeln müsse. Er entwarf einen »Resonanz-Recorder«, mit dem er die raschen Bewegungen der Pflanzen aufzeichnen konnte.

Mit Hilfe dieses neuen Recorders erzielte Bose so überzeugende Ergebnisse in Bezug auf die Nervenimpulse, dass seine Resultate in den *Philosophical Transactions* der Royal Society veröffentlicht wurden.

Im Jahre 1917 wurde er in den Adelsstand erhoben, und am 30. November 1917, seinem neunundfünfzigsten Geburtstag, fand die Einweihung seines eigenen Forschungsinstituts statt.

Ein Jahr nach der Gründung des Instituts berief Bose eine Versammlung ein, auf der er mitteilte, dass es ihm nach acht Jahren endlich gelungen sei, ein völlig neuartiges Gerät zu entwickeln, den Auxanographen (oder Crescographen). Diese Apparatur bestand aus einem System von zwei Hebeln, mit deren Hilfe nicht nur eine zehntausendfache Vergrößerung der Bewegung möglich wurde – das stärkste Mikroskop erreicht bei weitem nicht diese Werte –, der Apparat konnte auch automatisch die Wachstumsrate von Pflanzen aufzeichnen wie auch die dabei auftretenden Veränderungen, und das sogar während einer Zeitspanne von nur einer Minute.

Mit diesem Apparat machte Bose die erstaunliche Tatsache deutlich, dass das Wachstum bei zahlreichen Pflanzen rhythmisch oder pulsierend verläuft. Bei jeder Pulsation zeigte sich ein plötzlicher Kurvenanstieg, auf den jedes Mal ein langsamerer, teilweiser Abfall folgte, der ungefähr ein Viertel des Aufstrichs betrug. In Kalkutta registrierte der Apparat durchschnittlich drei

Pulsationen pro Minute. Bose beobachtete die Bewegungskurve auf der berußten Glasplatte und stellte fest, dass das Wachstum bei einigen Pflanzen allein durch Berühren verzögert, ja, sogar ganz zum Stillstand gebracht werden konnte, während andere Pflanzen auf rohe Behandlung mit Wachstum reagierten; dies galt vor allem für »schwerfällige« Pflanzen.

Um eine Möglichkeit zu finden, Beschleunigung oder Verzögerung des Pflanzenwachstums als Reaktion auf einen Reiz *augenblicklich* sichtbar zu machen, erfand Bose den Gleichgewichts-Auxanographen, bei dem die Wachstumsbewegung durch eine *gleich schnelle* Bewegung der Pflanze nach unten kompensiert wurde. Damit wurde das Wachstum in einer horizontalen Linie registriert, und jeder Wechsel in der Wachstumsgeschwindigkeit zeigte sich als Kurve – bis auf einen Vierzigmillionstelmillimeter pro Sekunde genau.

Während einer weiteren Europareise Boses im Jahre 1923 erklärte der französische Philosoph Henri Bergson nach einem Vortrag Boses an der Sorbonne: »Dank Boses wunderbaren Erfindungen sind die stummen Pflanzen zu den beredtesten Zeugen ihrer bis dahin nie erzählten Lebensgeschichte geworden. Die Natur musste endlich ihr sorgsamst gehütetes Geheimnis preisgeben.«

Ein Geheimnis, dem schon mehr als hundert Jahre früher auch ein Deutscher auf die Spur kommen wollte – Johann Wolfgang von Goethe. Er forschte nach den verborgenen Kräften der Natur, las Bücher über Mystik und Alchemie, und auf seiner Italienreise versuchte er, die Rätsel der Pflanzenwelt zu lösen.

In Padua notierte er am 27. September 1786: »Hier in dieser neu mir entgegentretenden Mannigfaltigkeit wird jener Gedanke immer lebendiger: dass man sich alle Pflanzengestalten vielleicht aus einer entwickeln könne. Hierdurch würde es allein möglich werden, Geschlechter und Arten wahrhaft zu bestimmen, welches, wie mich dünkt, bisher sehr willkürlich geschieht. Auf diesem Punkt bin ich in meiner botanischen

Philosophie steckengeblieben und ich sehe noch nicht, wie ich mich entwirren will.«*

In Neapel sammelte er neue Eindrücke – und schließlich war es so weit; am 17. Mai 1787 schreibt er einen enthusiastischen Brief an Herder, in dem es unter anderem heißt: »Es war mir nämlich aufgegangen, dass in demjenigen Organ der Pflanze, welches wir als Blatt gewöhnlich anzusprechen pflegen, der wahre Proteus verborgen liege, der sich in allen Gestaltungen verstecken und offenbaren könne. Vorwärts und rückwärts ist die Pflanze immer nur Blatt, mit dem künftigen Keime so unzertrennlich vereint, dass man eines ohne das andre nicht denken darf.«**

Goethe hatte »nach langem Suchen die Lösung im *Blatt* als dem Urorgan jedes Pflanzenwesens [gefunden], welches er auf jeder Stufe des Pflanzendaseins, vom Keimblatt bis zur Blüte und Frucht in oft kaum noch erkennbarer Weise, aber mit Sicherheit als das morphologische Grundelement der Pflanze erkannte. So offenbarte sich ihm aufgrund eingehender Studien und Vergleiche die ›Urnatur‹ der Pflanze, ihre konstitutive, morphologische Einheit im Blatt. Diese fundamentale Einsicht veranlasste ihn, eine ›Urpflanze‹ zu konstruieren, welche durch Modifikation des als Urorgan erkannten Blattes in fast unbeschränkter Mannigfaltigkeit und in raum-zeitlicher Folge das ganze ›Pflanzenwesen‹ sowohl individuell im Hinblick auf ein bestimmtes Pflanzenexemplar, als auch systematisch im Hinblick auf die unzählbare Schar der höheren Pflanzenarten in sich fasste.

Damit hatte Goethe eine Grundlage ideeller Natur geschaffen, auf der sich der ganze riesige Bau der Pflanzenwelt unter Zugrundelegung gewisser morphologischer und physiologischer Prinzipien aufbauen ließ, ohne in den Vergleichen von Art zu Art, Gattung

---

* J. W. v. Goethe, *Artemis Gedenkausgabe der Werke, Briefe und Gespräche*, Zürich 1952, Bd. 11, S. 65.

** a. a. O., S. 353.

zu Gattung, Familie zu Familie steckenzubleiben, die obwohl unerlässlich für den Aufbau eines natürlichen Pflanzensystems, nicht den Grad von Allgemeinheit besaßen, um zur Grundlage des Pflanzenwesens überhaupt genommen zu werden.

Goethe gab sich unter Schillers Einwirkung bald darüber Rechenschaft, dass die ›Urpflanze‹, die er so leibhaftig und mit Händen greifbar vor Augen sah, nichts anderes als ein ideelles, konstitutives Schema sein konnte, dem er aber in seiner Allgemeinheit alle Pflanzen unterwerfen, aus dem er jede ›wirkliche‹ Pflanze zu entwickeln vermochte.

Goethe hatte so in der ›Urpflanze‹ ein für den wissenschaftlichen Vergleich brauchbares Instrument geschaffen, welches auch für eine entwickelte morphologische Botanik seinen Wert behielt, das aber erst heute, nach Jahrzehnten des Vergessens und der Ablehnung, in seinem wahren philosophischen Wert erkannt wurde. Die moderne Gestalttheorie hat die große Bedeutung von Goethes ›Beiträgen zur Morphologie‹ für die moderne Gestaltforschung erfasst und eingehend gewürdigt*.

Auch in seinen späteren Jahren widmete sich Goethe botanischen Problemen und noch in hohem Alter legte er in den Fragmenten *Über die Spiraltendenz der Vegetation* (1829 bis 1831) neue, eigene Ideen zur Naturforschung dar. Enttäuschungen blieben ihm nicht erspart, denn die Zeitgenossen brachten seinen Ideen nur wenig Verständnis entgegen. »Nach heutigem Urteil liegt das sehr Positive an Goethes Idee von der Metamorphose der Pflanze in ihrer prospektiven Potenz, das heißt in ihrer zukünftigen Fruchtbarkeit. Durch sie wurde die Organographie der Pflanzen unserer Tage ganz wesentlich angeregt – wobei wir nur auf den Versuch des bedeutenden Botanikers und Organographen Wilhelm Troll hinweisen, die idealistische Morphologie goethescher Prägung im Sinne einer modernen Gestalttheorie der Bo-

---

* a. a. O., Bd. 17, S. 811 f.

tanik auszubauen. Dieses Positive liegt aber auch im Grundsatz der ›genetischen Methode‹, einem modernen, zur Entwicklungsphysiologie erhobenen Forschungsprinzip, das einige Jahrzehnte nach Goethes Tod im Darwinismus zu einer die ganze Biologie umgestaltenden wissenschaftlichen Bewegung wurde, die jahrzehntelang die botanische und zoologische Forschung im Banne hielt – bis die Entdeckung der Vererbungsgesetze und die mathematische Ausgestaltung der Gen-Forschung eine neue Richtung in der Biologie begründeten, in der wir heute mittendrin stehen.«*

* a. a. O., Bd. 17, S. 822 f.

7
Das Gartenspital

In gewisser Hinsicht auf Goethes Spuren wandelt der Physiker Gustav Theodor Fechner (1801–1887), der nicht daran zweifelte, dass alle Pflanzen »beseelt« sind, wie sein Buch *Nanna oder über das Seelenleben der Pflanzen* zeigt, das 1848 in Leipzig erschien. Seine Kollegen lehnten das Werk einhellig ab, doch erfreute es sich beim »einfachen Leser« ausgesprochener Beliebtheit.

In seiner Einleitung erklärt Fechner, wie er zu diesem Titel kam: »Vielleicht findet man das Titelwort dieser Schrift gesucht; es ist aber in der That blos gefunden. Da ich derselben zu kürzester Bezeichnung einen Eigennamen vorzusetzen wünschte, wählte ich eine Zeit lang zwischen Flora und Hamadryas. Jener Name schien mir doch zu botanisch, dieser etwas zu steif antiquarisch, dazu blos auf das Leben der Bäume gehend.« (*Flora* ist die römische Göttin der Blumen, *Hamadryas* hießen bei den alten Griechen die Waldnymphen, von denen man sagte, dass sie so lange leben wie die Bäume, deren Seelen sie waren).

Da las er eines Tages in einem Buch über Baldur, den Gott des Lichts, der die badende Nanna belauscht, ein Sinnbild für die vom Licht erschlossene, frischbetaute Blüte. Damit hatte er gefunden, was er suchte.

Fechner veröffentlichte *Nanna*, weil er der Auffassung war, dass Glauben oder Nichtglauben an die Beseeltheit der Pflanzen die Einstellung des Menschen zur Natur bestimmt. Wenn der Mensch sich zu einem allgegenwärtigen, allwissenden und allmächtigen Gott bekennt, der alle Dinge belebt, dann kann auch nichts auf dieser Welt von seiner Gnade ausgeschlossen bleiben – keine Pflanze, kein Stein, kein Kristall, keine Welle.

Fechner nahm Boses Arbeit vorweg, indem er meinte, dass Pflanzen, wenn sie ein Leben und eine Seele besitzen, auch eine Art Nervensystem haben müssen, das vielleicht in ihren merkwürdigen Spiralfasern verborgen ist. Er war der Ansicht, dass das scheinbare Fehlen der Nerven wohl eher auf die Unwissenheit des Menschen als auf einen tatsächlichen Mangel der Pflanze zurückzuführen ist.

Fechner war der Begründer eines neuen Wissenszweiges, der so genannten *Psychophysik*, die der künstlichen Trennung von Leib und Seele ein Ende machte und die beiden Wesenheiten lediglich als verschiedene Aspekte einer Wirklichkeit betrachtete, wobei die Seele subjektiv, der Leib objektiv erscheint, wie ein Kreis, der entweder konkav oder konvex ist, je nachdem ob sich der Betrachter innerhalb oder außerhalb befindet. Nach Fechners Meinung liegt der Grund für die Verwirrung darin, dass es schwierig ist, beide Standpunkte gleichzeitig einzunehmen. Alle Dinge sind in einer Vielzahl von Formen Ausdruck derselben *anima mundi* oder Weltseele, die mit dem Universum entstand, sein Gewissen verkörpert und sterben wird, wenn das Universum sterben sollte.

Weil eine Pflanze fest verwurzelt ist, verfügt sie notwendigerweise über eine geringere Bewegungsfreiheit als ein Tier, erklärte Fechner, obwohl sie, wenn sie ihre Äste, Blätter und Ranken bewegt, einem Tier sehr ähnlich ist, das seine Klauen ausstreckt, um die Beute zu greifen oder um vor einer Gefahr zu fliehen.

Ein Jahrhundert vor der russischen Entdeckung, dass die Pflanzen ihre eigenen Bedürfnisse mit Hilfe einer von Menschenhand geschaffenen Apparatur zu befriedigen vermögen, stellte Fechner bereits die Frage: »... warum soll die Pflanze weniger hungern, wenn ihr Nahrung fehlt? Die Bemühungen, die rechte Nahrung zu finden, sind jedenfalls bei der Pflanze nicht geringer als bei dem Thiere, und sehr analog; nur dass das Thier sich ganz fortschiebt nach der Nahrung, die Pflanze Theile von sich fortschiebt nach der Nahrung; dass die Pflanze nicht durch Augen und Ohren bei ihrem Suchen geleitet wird, sondern durch Fühlfäden, die sie nach allen Seiten ausschickt.« Und weiter: »Aber warum soll es zu den Seelen, die da laufen, schreien und fressen, nicht auch Seelen geben, die still blühen, duften, im Schlürfen des Thaues ihren Durst, Knospentriebe ihren Drang, im Wenden gegen das Licht noch eine höhere Sehnsucht befriedigen?«

Könnte es nicht sein, dass die Pflanzen sich mit Hilfe der Düfte, die sie verströmen, miteinander verständigen, dass sie auf eine Art miteinander kommunizieren, die unendlich viel köstlicher ist, als die Sprache des Menschen? Blumen ohne Duft verglich Fechner mit Tieren, die einsam in der Wildnis hausen, die duftenden hingegen mit dem geselligen Herdenvieh. Ist es nicht letztlich auch eine der Aufgaben des menschlichen Körpers, dem pflanzlichen Leben zu dienen, die Pflanzen mit Kohlendioxid zu versorgen, damit sie atmen können, und sie durch den verwesenden menschlichen Leib mit Nahrung zu versehen? Verschlingen nicht Blumen und Bäume den Menschen und verwandeln seine sterblichen Überreste zusammen mit Erde, Wasser, Luft und Sonnenlicht in die herrlichsten Farben und Formen?

Zwei Jahre nach dem Erscheinen von *Nanna* veröffentlichte Fechner, dessen »Animismus« den Zorn seiner Zeitgenossen erregt hatte, ein Buch über Atomtheorie, in dem er, lange ehe die Teilchenphysik das Licht der Welt erblickte, darlegte, dass Atome Zentren reiner Energie sind und die untersten Bausteine einer geistigen Hierarchie darstellen.

Obwohl Fechner tapfer versuchte, eine »idealistische Sicht der Wirklichkeit« heraufzubeschwören, bemühte er sich doch stets, sein Ziel mit Hilfe der Methodologie der modernen Wissenschaft zu erreichen, was ja auch alle seine Experimente auf dem Gebiet der Psychophysik zeigen, mit denen er die »funktionalen Beziehungen oder Abhängigkeiten zwischen Körper und Geist« beweisen wollte.

Doch Fechner stand nicht ganz allein mit seinen Ansichten.

Auch sein berühmter Zeitgenosse Charles Robert Darwin wagte es, den Pflanzen Empfindungs- und Wahrnehmungskräfte zuzugestehen. Nach der Veröffentlichung seines revolutionären Buches *Die Entstehung der Arten durch natürliche Zuchtwahl* im Jahre 1859 widmete Darwin die restlichen dreiundzwanzig Jahre seines Lebens der Ausarbeitung seiner Evolutionstheorie *und* dem sorgfältigen Studium des Verhaltens der Pflanzen.

In seinem Buch *Das Bewegungsvermögen der Pflanzen*, das kurz vor seinem Tod veröffentlicht wurde, entwickelt Darwin den Gedanken, dass die Gewohnheit, zu bestimmten Tageszeiten gewisse Bewegungsabläufe zu vollziehen, gemeinsames Erbe von Pflanze und Tier sei. Die erstaunlichste Übereinstimmung schien ihm darin zu liegen, dass Empfindung lokalisierbar ist und dass sich ein Reiz fortpflanzt und Bewegungen anderer Pflanzenteile auslöst.

Obwohl damit Fechners These, dass auch Pflanzen über ein Nervensystem verfügen, bestätigt zu sein schien, schreckte Darwin vor einer solchen Theorie zurück, da er kein System dieser Art entdecken konnte. Doch im letzten Satz seines Buches erklärt er: »Die Behauptung, dass die Enden der Würzelchen einer Pflanze wie das Gehirn eines niederen Tieres funktionieren, dürfte wohl kaum eine Übertreibung sein; das Gehirn empfängt die Eindrücke der Sinnesorgane und steuert die zahlreichen Bewegungabläufe.«

1892, zehn Jahre nach Darwins und fünf Jahre nach Fechners Tod, erschien in Santa Rosa, Kalifornien, der zweiundfünfzig Seiten umfassende Pflanzenzüchterkatalog *New Creations in Fruits and Flowers* (»Neue Frucht- und Pflanzenschöpfungen«), der in den Vereinigten Staaten eine wahre Sensation hervorrief. Anders als sonstige Broschüren dieser Art enthielt dieser Katalog überhaupt nur Neuheiten, keine einzige Pflanze war bekannt.

Eines der gartenbaulichen Wunder war ein riesiger Nussbaum *(hardwood giant Paradox walnut)*, der so schnell wuchs wie weiches Nadelholz und daher in wenigen Jahren zu einer Hecke emporschoss, die ein ganzes Haus abschirmen konnte; dann gab es ein Riesengänseblümchen mit kolossalen, schneeweißen Blütenblättern; weiter einen Apfel, der auf der einen Seite süß, auf der andern sauer schmeckte; und eine Kreuzung zwischen Erdbeere und Himbeere, die zwar keine Früchte trug, aber den Anhängern der Theorie der natürlichen Zuchtwahl so grotesk erschien wie die Kreuzung zwischen einem Huhn und einer Eule.

In den Niederlanden erregte der Katalog die Aufmerksamkeit des Amsterdamer Professors Hugo de Vries, der gerade dabei war, die alte Vererbungslehre neu zu entdecken, die der österreichische Mönch Gregor Johann Mendel in der Mitte des 19. Jahrhunderts entwickelt, aber sein Leben lang hinter Klostermauern verborgen gehalten hatte. De Vries, der später vor allem durch seine Mutationslehre – eine Weiterführung der Darwinschen Theorien – bekannt wurde, war höchst erstaunt über die offensichtliche Fähigkeit des Menschen, ungewöhnliche und neue Pflanzenformen zu schaffen. Voller Neugierde reiste de Vries nach Amerika, um dem Herausgeber des Katalogs einen Besuch abzustatten. Der Mann hieß Luther Burbank, war von Neu-England nach Kalifornien gekommen, und die Kunststücke, die er mit seinen Pflanzen vollbrachte, trugen ihm den Namen eines »Zauberers des Gartenbaus« ein. Sein Name wurde sogar zu einem neuen Verb: *to burbank* bedeutet das Verändern und Verbessern von Pflanzen (oder Tieren), vor allem durch selektive Züchtung.

De Vries war aufs höchste überrascht, dass das kleine Häuschen, in dem Burbank arbeitete, weder eine Bibliothek noch ein Labor beherbergte, und dass Burbank seine Notizen auf Papiertüten, Briefumschläge und die Rückseiten von Briefen schrieb. De Vries hatte eine sorgfältig geführte Kartothek erwartet, doch der Pflanzenzüchter erklärte ihm, dass seine Kunst vor allem darin bestünde, sich zu konzentrieren und Unwesentliches schnellstens auszuschließen. Was sein Labor anbelange, meinte Burbank zu de Vries – »das habe ich im Kopf«.

Im Jahre 1901 erklärte Burbank beim Gartenbaukongress in San Francisco:

In der Vergangenheit bestand die Hauptaufgabe der Botaniker darin, die vertrockneten, zusammengeschrumpften, verwelkten Pflanzenmumien zu studieren und zu klassifizieren, Pflanzen, deren Seelen entflohen waren. Sie glaubten, dass ihre klassifizierten Arten unveränderlicher seien als alles andere im Himmel oder auf Erden, was wir uns heute vorzustellen vermögen. Wir haben erfahren, dass die Pflanzen in unseren Händen so formbar sind wie der Ton in den Händen des Töpfers oder die Farbe auf der Leinwand des Malers, und dass sie herrlichere Formen und Farben hervorbringen können, als ein Maler oder Bildhauer sich überhaupt vorstellen kann.

Burbank wurde 1849 in dem Dörfchen Lunenburg in Massachusetts geboren. Bleibende Eindrücke vermittelten ihm die Lektüre von Henry David Thoreau und die Werke des berühmten Naturforschers Alexander von Humboldt. Doch noch ungleich größer war die Wirkung von Charles Darwins *Das Variieren der Tiere und Pflanzen im Zustande der Domestikation*, das Burbank kurz nach seinem Erscheinen im Jahre 1868 las. Vor allem beeindruckte Burbank der Satz, dass sich Organismen, die aus ihrer angestammten Umgebung entfernt werden, verändern.

Noch während seiner Zeit in Massachusetts fand Burbank auf seinem Kartoffelacker eines Tages eine Samenfrucht, etwas sehr Seltenes, denn die Kartoffel ist eine Pflanze, die nur sehr vereinzelt aussamt und sich rein vegetativ über die Knollen vermehrt, deren Augen austreiben. Da Burbank wusste, dass Kartoffelsamen, wenn man sie überhaupt fand, meist nicht zu der gewünschten Sorte heranwuchsen, sondern merkwürdige Bastarde hervorbringen, hoffte er, dass sich vielleicht eine neue Kartoffel heranbilden würde. Einer der dreiundzwanzig Samen der Frucht entwickelte sich zu einem Spross, mit dem sich der durchschnittliche Ertrag verdoppeln ließ. Die neue Kartoffel war glatt und rund, eignete sich vorzüglich zum Braten und zeigte im Gegensatz zu ihrer braunschaligen Vorfahrin eine hellgelbe Färbung. Sie erhielt den Namen »Burbank« und ist noch heute die wichtigste Kartoffel auf dem amerikanischen Markt.

Wenige Tage nach dem Verkauf seiner neuen Errungenschaft reiste Burbank nach Kalifornien. Kurze Zeit später erschien Darwins Buch *Die Wirkungen der Kreuz- und Selbstbefruchtung im Pflanzenreich*, bei dem sich Burbank vor allem durch eine Bemerkung in der Einleitung angesprochen fühlte: »Da Pflanzen über so vielgestaltige und wirkungsvolle Möglichkeiten zur Fremdbestäubung verfügen, hätte man allein aus dieser Tatsache schließen können, dass sie großen Nutzen aus diesem Vorgang ziehen.« Für Burbank bedeutete dieser Satz Anregung und Aufforderung zugleich. Darwin hatte den Entwurf geschaffen, er, Burbank, wollte für die Ausführung sorgen.

Da Burbank überzeugt war, dass sich Pflanzen, ebenso wie Menschen, weit weg von zu Hause anders verhalten als daheim, ließ er seine Pflanzen sogar aus Japan und Neuseeland kommen, um sie dann mit einheimischen Gewächsen zu kreuzen. Mehr als tausend neue Pflanzen hat Burbank der Welt geschenkt. Auf seiner Versuchsfarm in Sebastopol konnte man vierzigtausend Bäume des japanischen *Prunus* bewundern und eine Viertelmillion sprießender Blumenzwiebeln. Burbank hatte die Fähigkeit, im Vorbeigehen aus den langen Reihen der Pflanzen jene herauszuspüren, die Erfolg versprachen. Ein staunender Besucher berichtete: »Er ging zum Beispiel an einer Reihe von Gladiolen vorüber und zog diejenigen, die ihm nicht gefielen, mit einem Ruck heraus – so schnell wie möglich. Er schien einen besonderen Instinkt zu haben, der ihm sagte, ob eine kleine Pflanze auch die Früchte oder Blumen hervorbringen würde, die er erwartete. Ich konnte zwischen den einzelnen Pflanzen keinen Unterschied feststellen, selbst wenn ich stehen blieb, mich bückte und sie mir genauer ansah. Burbank jedoch warf lediglich einen kurzen Blick auf sie.«

1906 schrieb Burbank im *Century Magazine:*

Das eigensinnigste und am schwierigsten zu beeinflussende Lebewesen auf dieser Welt ist eine Pflanze, die einige feste Gewohnheiten entwickelt hat. Vergessen wir nicht, dass sie ihre Eigenart jahrhundertelang bewahrt hat; vielleicht handelt es sich sogar um eine Gattung, die sich Millionen Jahre zurückverfolgen lässt. Ist nicht anzunehmen, dass die Pflanze nach all den Jahrmillionen von einem unglaublichen Willen nach »Beständigkeit« ergriffen wird?

Dem Gründer und Präsidenten der Philosophical Research Society of Los Angeles, Manly P. Hall, der sich auch mit Vergleichender Religionswissenschaft und Mythologie beschäftigte, vertraute Burbank einmal an, dass er niederknie und mit seinen Pflanzen rede, wenn er wolle, dass sie sich in einer ganz bestimmten Art und Weise entwickeln, die ihrer Gattung eigentlich fremd ist. Burbank erwähnte auch, dass Pflanzen über mehr als zwanzig Möglichkeiten der Sinneswahrnehmung verfügen, wir jedoch nicht imstande sind, das festzustellen, da diese Sinne anders funktionieren als unsere. »Er war nicht sicher«, meinte Hall, »ob die Sträucher und Blumen seine Worte verstanden, doch er war überzeugt davon, dass sie durch irgendeine Art von Gedankenübertragung verstehen konnten, was er meinte.«

Hall bestätigte auch, was Burbank dem berühmten Yogi Paramahansa Yogananda über seine Züchtung eines stachellosen Kaktus erzählt hatte. Dieses Projekt nahm Jahre in Anspruch, aber schließlich konnte Burbank einen Kaktus vorweisen, der wirklich keine Stacheln hatte. »Während meiner Versuche mit den Kakteen«, berichtete Burbank, »sprach ich viel mit ihnen, um sie mit einer Atmosphäre der Liebe zu umgeben. ›Ihr braucht keine Angst zu haben‹, sagte ich oft. ›Ihr habt eure Stacheln doch gar nicht nötig. Ich werde euch beschützen!‹« Burbanks liebevolle Zuwendung«, meinte Hall, »wirkte wie Balsam und ließ alles besser wachsen und gedeihen. Burbank erklärte mir, dass er bei all seinen Versuchen seine Pflanzen ins Vertrauen ziehe, sie um ihre Hilfe bitte und sie seiner Zuneigung versichere.«

Helen Keller, selbst blind und taub, schrieb nach einem Besuch bei Burbank in einer Zeitschrift für Blinde: »Er besitzt die seltenste aller Gaben: den aufnahmebereiten, offenen Geist eines Kindes. Allein ein weises Kind vermag die Sprache der Blumen und Bäume zu verstehen.«

Wie andere überdurchschnittlich begabte Menschen erkannte Burbank selbst, dass er seine Erfolge zum Teil der Tatsache zu verdanken hatte, dass er sich eine kindliche Lebensfreude und die so wichtige Fähigkeit zu Staunen bewahrt hatte. Einem seiner Biographen gegenüber erklärte er: »Ich bin schon bald siebenundsiebzig, aber ich kann immer noch über Hindernisse klettern, Wettläufe mitmachen und über die Stränge schlagen, denn mein Körper ist nicht älter als mein Geist – und mein Geist ist jung. Er ist nie erwachsen geworden, und ich hoffe, dass er das auch in Zukunft nicht wird.«

Kurz vor Ausbruch des Sezessionskrieges (1861–1885) erblickte George Washington Carver das Licht der Welt. Schon als Kind entwickelte er ein verblüffendes Gespür für alle Dinge, die da wachsen und sprießen. Stundenlang konnte er umherstreifen oder sich in das Studium einer Pflanze versenken, und manchmal brachte er dann bestimmte Exemplare nach Hause, mit denen er erkrankte Tiere heilte. Ganz von sich aus legte er auf einem Stückchen Land einen Garten an und baute aus alten Mistbeetkästen und anderem herumliegenden Material ein Gewächshaus in den Wäldern. Als er einmal gefragt wurde, was er denn so weit weg von daheim ganz allein mache, erwiderte er: »Ich gehe in mein Gartenspital und pflege Hunderte von kranken Pflanzen.«

Aus der ganzen Umgebung kamen die Frauen und brachten dem kleinen schwarzen Sklavenjungen ihre kranken Pflanzen mit der Bitte, sie wieder zum Blühen zu bringen. Carver behandelte sie auf seine liebevolle Art, sang ihnen vor, pflanzte sie in Blechbüchsen, die er mit einer von ihm selbst hergestellten Spezialerde gefüllt hatte, deckte sie des Nachts zu und trug sie tagsüber ins Freie, »damit sie in der Sonne spielen können«. Wenn er die Pflanze ihren Besitzern zurückbrachte und dann gefragt wurde, wie er solche Wunder eigentlich fertigbrächte, sagte Carver nur: »Alle Blumen sprechen mit mir und auch viele andere Lebewesen im Wald. Was ich weiß, lerne ich, indem ich beobachte und liebe.«

Er studierte am Simpson College in Indianola, Iowa, und wechselte später über zum Iowa College of Agriculture. Seinen Lebensunterhalt verdiente er sich durch Waschen und Bügeln für seine Kommilitonen und Orgelspielen in verschiedenen Kirchen.

Im Jahre 1896 machte Carver seine Abschlussprüfung und wurde aufgefordert, dem Lehrkörper der Fakultät beizutreten. Doch Brooker T. Washington, der Gründer und Präsident des Normal and Industrial Institute, das nur mit Negern und für Neger arbeitet, hatte von dem bemerkenswerten jungen Landwirtschaftschemiker gehört, und als er Carver ersuchte, nach Tuskegee, Alabama, zu kommen und dort die Leitung der landwirtschaftlichen Abteilung des Instituts zu übernehmen, nahm Carver das Angebot an.

Kurze Zeit nach seiner Rückkehr in den Süden erkannte Carver, welche Gefahr der Landwirtschaft dort drohte: die allmähliche Unfruchtbarkeit und Vergiftung des Bodens als Folge der Monokultur – so weit man blicken konnte, sah man nur Baumwollfelder. Um diesem Raubbau, den Tausende von Pächtern betrieben, entgegenzuwirken, errichtete er eine Versuchsstation. In seinem privaten Labor, »Gottes kleine Werkstatt« genannt, saß er stundenlang und unterhielt sich mit seinen Pflanzen. Doch nie hatte er auch nur ein einziges Buch in seinem Refugium.

Seine Vorlesungen in Tuskegee waren in einfacher, leichtverständlicher Form gehalten, aber dennoch so gründlich wie nur denkbar. Vor allem beeindruckte Carvers Studenten, dass er jeden Morgen um vier Uhr aufstand und durch die Wälder streifte, bevor er mit seinem Tagewerk begann. Und stets brachte er eine Unmenge von Pflanzen mit, über die er dann in seinen Vorlesungen sprach. Einem Freund erklärte er: »Die Natur ist die beste Lehrmeisterin, und am meisten lerne ich von ihr, wenn die anderen schlafen. In den stillen, dunklen Stunden vor Sonnenaufgang erzählt mir Gott von den Dingen, die ich vollbringen soll.«

Länger als ein Jahrzehnt arbeitete Carver Tag für Tag auf den Versuchsfeldern mit verschiedenen Bodenzusammensetzungen, um herauszufinden, wie er Alabama aus den Fesseln der »dummen, alten Baumwolle« lösen konnte.

Er hatte die Beobachtung gemacht, dass Erdnüsse ungemein genügsam sind und auch auf kargem Boden gut gedeihen. Und da er Chemiker war, entdeckte er, dass ihr Eiweißgehalt dem von Beefsteak entsprach und ihr Gehalt an Kohlehydraten dem von Kartoffeln.

Carver schloss sich in seinem Labor ein und begann, die Erdnuss in ihre chemischen Bestandteile zu zerlegen. Fehlschläge blieben nicht aus, doch schließlich stellte er zufrieden fest, dass ein Drittel der kleinen Nuss aus sieben verschiedenen Ölen bestand. Er arbeitete unermüdlich Tag und Nacht, trennte und verband, nahm auseinander und setzte wieder zusammen, spaltete die chemisch unterscheidbaren Teile der Erdnuss und baute sie wieder auf, bis er schließlich zwei Dutzend Fläschchen aufgereiht hatte, in denen sich zwei Dutzend vollkommen neue Produkte befanden.

Er berief eine Versammlung von Farmern und Landwirtschaftsfachleuten ein und zeigte ihnen, was ihm in sieben Tagen und sieben Nächten gelungen war. Er forderte seine Zuhörer auf, anstelle der den Boden zerstörenden Baumwolle Erdnüsse zu pflanzen, und versicherte ihnen, dass sie damit wesentlich mehr gewinnen würden als nur Schweinefutter, das Einzige, wozu Erdnüsse bis dahin verwendet wurden.

Die Zuhörer hegten ihre Zweifel. Sie wurden darin noch bestärkt, als Carver auf die Frage nach seinen Methoden antwortete, die Ideen kämen ihm stets als plötzliche Eingebungen, während er durch den Wald spaziere. Um ihre Zweifel zu zerstreuen, begann Carver Artikel zu schreiben. In einem dieser Artikel machte er seinen Lesern klar, dass sich aus der Erdnuss eine höchst schmack- und nahrhafte Butter herstellen lasse; außerdem ließen sich aus hundert Kilo Erdnüssen fünfunddreißig Kilo Butter gewinnen, während hundert Kilo Milch lediglich zur Herstellung von zehn Kilo Butter ausreichten. In anderen Aufsätzen wies Carver darauf hin, welche Fülle von Produkten aus der Süßkartoffel, der stärkereichen Knolle des amerikanischen Windengewächses *Ipomoea batatas* gewonnen werden kann. Die meisten hatten von dieser Pflanze, die auf dem ausgelaugten Boden des Südens prächtig gedieh, noch nie etwas gehört. Als der Erste Weltkrieg ausbrach und der Mangel an Farbstoffen zu einem ernsten Problem wurde, befragte Carver bei Tagesanbruch seine Pflanzenfreunde, wer von ihnen diesem Mangel abhelfen könne. Aus den Blättern, Wurzeln, Stielen und Früchten von zweiundachtzig Freiwilligen zauberte er 536 verschiedene Farbstoffe, mit denen sich Wolle, Baumwolle, Leinen, Seide, ja sogar Leder färben ließ. Neunundvierzig dieser Farben gewann er allein aus der *Vitis rotundifolia*, einer Rebenpflanze.

Nachdem Carver Mitglied der Royal Society geworden war, wurde er auch in den Staaten bekannt. Als durchsickerte, dass man am Tuskegee Institute hundert Kilo Weizen pro Tag einsparte, indem man zwei Teile gewöhnlichen Mehls mit einem Teil eines neuen Mehls mischte, das aus der Süßkartoffel gewonnen wurde, reisten neugierige Diätetiker und Verfasser von Kochbüchern an, um die Sache genauer zu betrachten, denn schließlich wollte man während des Krieges mit Weizen sparen. Die Gäste wurden mit köstlichem Brot bewirtet, das aus dem gemischten Mehl gebacken worden war. Außerdem gab es ein üppiges Mahl von fünf Gängen, dessen Gerichte alle aus Erdnüssen und Süßkartoffeln entstanden waren.

Eines Tages kam Carver der Gedanke, dass Erdnussöl eventuell bei der Behandlung von atrophierten Muskeln Poliokranker helfen könnte. Die Ergebnisse waren so überwältigend, dass er jeden Monat einen Tag reservieren musste, um Patienten zu behandeln, die auf der Bahre, an Krücken oder mit dem Stock zu ihm ins Labor kamen. Diese Heilmethode wurde in Medizinerkreisen ebenso wenig beachtet wie die Anwendung von Rizinusölpackungen, die der »schlafende Prophet« Edgar Cayce, ein Zeitgenosse Carvers, empfahl, und die erst heute Anerkennung finden und erstaunliche, völlig unerklärliche Heilerfolge zeitigen.

Carver unternahm es auch, aus einem Nadelholz, das nur im Süden wächst, Papier herzustellen, und spornte damit die Holzhändler an, riesige Wälder anzulegen, wo vorher nur Buschwerk gewesen war.

In der schlimmsten Zeit der Depression wurde Carver nach Washington eingeladen, um vor dem Finanzausschuss zu sprechen. Er trug seinen scheinbar unverwüstlichen schwarzen Anzug, im Knopfloch die obligate Blume und eine selbst gemachte Krawatte um den Hals. Am Bahnhof bat er einen Träger, ihm die Koffer abzunehmen und den Weg zum Kapitol zu zeigen. »Tut mir leid, Mann«, sagte der Gepäckträger, »aber ich erwarte einen bedeutenden farbigen Wissenschaftler aus Alabama.« Worauf Carver sein Gepäck schulterte und zum Taxi trug, das ihn schließlich an seinen Bestimmungsort brachte.

Obwohl ihm der Ausschuss für seine Ausführungen nicht mehr als zehn Minuten eingeräumt hatte, setzte sich der Vizepräsident der Vereinigten Staaten, Jack Garner aus Texas, über das Protokoll hinweg und erklärte, Carver könne sich beliebig Zeit nehmen, denn was er zu sagen habe, sei bestimmt das Beste, was der Senatsausschuss je gehört hätte.

Carver ließ nur wenige seiner Ideen patentieren. Als ihn einige Industrielle und Politiker darauf aufmerksam machten, wie viel Geld er damit hätte verdienen können, meinte er nur: »Gott hat auch nichts dafür verlangt, dass er die Erdnüsse gemacht hat. Warum sollte ich Gewinn daraus ziehen?« Wie Bose war auch Carver der Überzeugung, dass die Früchte seines Geistes der

Menschheit unentgeltlich zur Verfügung gestellt werden sollten, und er schlug die verlockendsten Angebote der verschiedensten Firmen aus. Selbst Henry Ford, der Carver für den »gegenwärtig größten Wissenschaftler« hielt, bemühte sich ohne Erfolg um ihn.

In einer begeistert aufgenommenen öffentlichen Vorlesung berichtete Carver, wie es ihm gelungen war, aus Lehm und anderen Erden von den Hügeln Alabamas Hunderte von natürlichen Farben hervorzuzaubern, unter anderem einen tiefblauen Farbstoff, der die Ägyptologen aufs höchste verblüffte, da es sich dabei, nach ihrer Ansicht, um das gleiche Blau handelte, das man im Grab von Tut-ench-Amun vorgefunden hatte und das nach Jahrtausenden noch so frisch und leuchtend war wie damals, als es auf die Totenmaske aufgetragen wurde.

Kurz vor Carvers Tod kam ein Besucher in sein Labor. Ihm erklärte Carver, während er eine kleine Blume auf seinem Arbeitstisch berührte: »Wenn ich diese Blume berühre, berühre ich die Ewigkeit. Schon lange bevor es Menschen auf dieser Erde gab, hat es sie gegeben, und es wird sie auch noch in Millionen Jahren geben. Durch die Blume erhalte ich Zugang zum Unendlichen.«

8
Pflanzen als »Musikkritiker« und Blitzableiter

Der Biologe Professor Julian Huxley, Enkel von Thomas Henry H. und Bruder des Schriftstellers Aldous H., besuchte 1950 Dr. T. C. Singh, den Leiter des Botanikinstituts der Annamalai-Universität, südlich der Stadt Madras. Sein Gastgeber war gerade dabei, unter dem Mikroskop das Strömen von lebendem Protoplasma in den Zellen der *Hydrilla virticillata*, einer asiatischen Wasserpflanze mit langen, durchscheinenden Blättern, zu studieren. Huxley, der wusste, dass sowohl Darwin als auch der deutsche Pflanzenphysiologe Wilhelm Pfeffer versucht haben, Pflanzen durch Musik zu beeinflussen, kam plötzlich der Gedanke, dass eine solche Vergrößerung seinem Gastgeber erlauben müsste, zu sehen, ob die Protoplasmaströmung durch Töne verändert werden kann.

Weil die Protoplasmaströmung bei Pflanzen nach Sonnenaufgang schneller wird, ließ Singh eine elektrisch in Schwingung versetzte Stimmgabel, die er einen Meter achtzig von einer *Hydrilla* entfernt anbrachte, noch vor sechs Uhr morgens für eine halbe Stunde erklingen. Durchs Mikroskop beobachtete er, dass der Ton der Stimmgabel das Protoplasma mit einer Geschwindigkeit strömen ließ, die es sonst erst viel später am Tage erreichte.

Als nächstes bat Singh seine junge Assistentin, Stella Ponniah, eine ausgebildete Tänzerin und Geigerin, sich neben die *Hydrilla* zu stellen und auf ihrem Instrument ein paar Töne zu spielen. Wieder beschleunigte sich die Protoplasmaströmung, wenn das Mädchen in einer bestimmten Tonhöhe über die Saiten strich.

Das tonale System der *Raga*, einer traditionellen Form südindischer Gebetslieder, kann im Zuhörer tiefe religiöse Gefühle und ganz spezifische Empfindungen auslösen. Deshalb beschloss Singh, es bei der *Hydrilla* mal mit *Raga*-Klängen zu versuchen.

Singh kannte auch alte indische Überlieferungen, die von der Beeinflussung der Natur durch Musik zu berichten wissen, und so bat er seine Assistentin, die südindische Weise *Maya-malava-gaula raga* seinen Mimosen vorzuspielen. Vierzehn Tage später entdeckte Singh, dass die Anzahl der Spaltöffnungen pro Flächeneinheit bei den Versuchspflanzen sechsundsechzig Prozent höher lag, die Epidermiswände dicker und die Palisadenzellen manchmal bis fünfzig Prozent länger und breiter waren als bei den Kontrollpflanzen.

Durch diese Erfolge zu weiteren Experimenten ermutigt, ließ Singh einen Lehrer der Annamalai-Musikschule, Gouri Kumari, einigen Balsampflanzen eine *Raga* vorspielen, die als *Kara-hara-priya* bekannt ist. Kumari, ein virtuoser Musiker, spielte jeden Tag fünfundzwanzig Minuten auf einem lautenähnlichen, meist siebensaitigen Instrument, der *Veena*. Im Laufe der fünften Woche überholten die Versuchspflanzen allmählich ihre »Artgenossen«, denen nicht vorgespielt wurde. Ende Dezember hatten sie durchschnittlich zweiundsiebzig Prozent mehr Blätter entwickelt und waren zwanzig Prozent höher gewachsen als die Kontrollpflanzen.

Singh berichtete auch, dass das Wachstum von Astern, Dotterblumen und Petunien außerordentlich beschleunigt wurde, wenn Mädchen ohne jede Musikbegleitung, auch ohne »klingenden« Schmuck an den Fußgelenken, den *Bharatnatyam* tanzten, Indiens ältesten Tanz. Die Versuchspflanzen blühten vierzehn Tage früher als die Kontrollpflanzen, vermutlich angeregt von dem durch die Erde übertragenen Rhythmus der Tanzschritte.

Daraufhin erklärte Singh, er könne in seinen Labors demonstrieren, dass die Stoffwechselprozesse der Pflanze, wie Verdunstung und Kohlenstoffassimilation, unter dem Reiz von Musikklängen oder rhythmischen Erschütterungen beschleunigt werden und – verglichen mit den Kontrollpflanzen – um mehr als zweihundert Prozent zunehmen. »Die stimulierten Pflanzen«, schrieb Singh, »können eine größere Menge Nährstoffe während einer bestimmten Zeitspanne synthetisieren, was natürlich zu höheren Ernteerträgen führt.«

Anscheinend waren die Inder – in der Antike wie in der Neuzeit – die Ersten, die mit Hilfe von Musik oder Tönen nachweisbare Reaktionen bei Pflanzen hervorgerufen haben, sie waren jedoch keineswegs die Einzigen.

George E. Smith, ein Botaniker und Landwirtschaftsforscher aus Normal, Illinois, hörte 1960 von Singhs Versuchen, als er sich mit dem für Landwirtschaft zuständigen Redakteur der Lokalzeitung unterhielt. Im darauffolgenden Frühjahr steckte Smith – etwas skeptisch – Mais und Sojabohnen in Saatschalen und verteilte sie paritätisch auf zwei Gewächshäuser mit gleicher Temperatur und Feuchtigkeit. In einem der Treibhäuser installierte er ein kleines Bandgerät, richtete dessen Lautsprecher auf die Versuchspflanzen und spielte ihnen vierundzwanzig Stunden am Tag Gershwins *Rhapsody in Blue* vor. Dem Bericht über sein Experiment, den Smith an seine Firma, die Samengroßhandlung Mangelsdorf and Bros. in St. Louis, Missouri, schickte, ist zu entnehmen, dass die Gershwin-berieselten Sämlinge früher austrieben als die normal behandelten und dass ihre Stiele dicker, kräftiger und grüner waren.

Smith nahm an, dass die Schallenergie die Molekularaktivität im Getreide anregt, und er stellte fest, dass von mehreren Thermometern, die er in die Erde gesteckt hatte, jene direkt vor dem Lautsprecher unerklärlicherweise eine zwei Grad höhere Temperatur anzeigten als die übrigen. Sehr erstaunt war er, dass die Blätter der Pflanzen, die in der wärmeren Erde wuchsen, an den Rändern etwas angesengt erschienen, dachte aber, dies könne davon kommen, dass sie zu sehr den musikalischen Schwingungen ausgesetzt waren. Es gäbe da noch viele ungelöste Rätsel, meinte Smith, als ihm einer seiner Freunde aus Kansas erzählte, dass man gegen Insektenbefall von eingelagertem Weizen erfolgreich

Hochfrequenzwellen verwendet habe und dass die so behandelten Weizenkörner, als man sie dann aussäte, schneller austrieben als unbehandelte.

Anders als beim elektromagnetischen Spektrum geht es beim so genannten Schallspektrum um verschiedene Schwingungsgeschwindigkeiten von Materie. Das Medium, in dem sich die Schallwellen fortpflanzen, wird abwechselnd zusammengedrückt und ausgedehnt, verdichtet und verdünnt. So können sich Schallwellen in Luft, Wasser und anderen Flüssigkeiten sowie in einem Eisenstab, einem Menschen oder einer Pflanze fortsetzen. Die Frequenzen, die das menschliche Ohr wahrnehmen kann – von etwa sechzehn bis zwanzigtausend Schwingungen pro Sekunde –, nennt man hörbare oder Schall-Frequenzen. Darunter gibt es den unhörbaren »Infraschall«, der so langsame Frequenzen umfasst, dass sie nach Sekunden pro Schwingung, anstatt nach Schwingungen pro Sekunde, gemessen werden. Und darüber liegen die Ultraschallfrequenzen, die zwar ebenfalls unhörbar sind, den Menschen aber auf verschiedene, noch nicht völlig geklärte Weisen beeinflussen. Außerordentlich hohe Frequenzen dieses Spektrums von hundert bis mehr als tausend Millionen von Schwingungen pro Sekunde werden auf der Haut oft als Wärme empfunden, und man nennt sie deshalb auch thermische oder Wärme- Schwingungen, obwohl man sie natürlich ebenso gut als Ultraschall betrachten könnte.

Mitte der sechziger Jahre weckten die Forschungen von Singh und Smith die Neugier zweier Forscherinnen an der Kanadischen Universität von Ottawa. Mary Measures und Pearl Weinberger waren mit den Entdeckungen über die Wirkungen von Ultraschall auf das Keimen und das Wachstum von Samen und Sämlingen verschiedener Pflanzenarten vertraut. Alle derartigen Experimente deuteten darauf hin, dass sich die Enzymaktivität und die Geschwindigkeit des Gasaustauschs bei Pflanzen und ihren Samen durch die Stimulation mit Ultraschall erhöhen. Allerdings konnten die gleichen Frequenzen, die bei der einen Pflanzenart anregend wirkten, sich bei einer andern als hemmend erweisen. Measures und Weinberger wollten wissen, ob eine spezifische *hörbare* Frequenz des Klangspektrums ebenso geeignet sein würde wie Musik, um das Wachstum von Weizen zu fördern.

In einer Reihe von Versuchen, die sich über mehr als vier Jahre erstreckten, setzten die beiden Biologinnen die Samen und Sämlinge von Marquis-Frühjahrsweizen und Rideau-Winterweizen Hochfrequenzschwingungen aus. Sie fanden, dass die Pflanzen, je nach Behandlungsdauer, am besten auf eine Frequenz von 5000 Schwingungen pro Sekunde ansprachen.

Die beiden Forscherinnen waren von ihren Ergebnissen sehr überrascht und konnten sich nicht erklären, weshalb durch die Behandlung mit hörbaren Tönen ein derart stark beschleunigtes Wachstum erreicht wurde, dass eine zweimalige Weizenernte in Aussicht schien. In einem Artikel im *Canadian Journal of Botany* schrieben sie, dass die Schallwellen in den Pflanzenzellen einen Resonanzeffekt hervorrufen würden, wodurch Energie angesammelt wird, die den Stoffwechsel der Pflanzen beeinflussen könnte.

Eine interessante, aber auch sehr umstrittene Versuchsreihe über Auswirkungen von Musik auf Pflanzen begann 1968. Dorothy Retallack, Organistin und Sängerin, fühlte sich nicht mehr recht ausgefüllt, nachdem ihre acht Kinder aufs College gingen. Außerdem wollte sie nicht das einzige Familienmitglied ohne akademischen Grad sein und überraschte ihren Mann, einen viel beschäftigten Arzt, mit der Ankündigung, sie habe vor, am Temple Buell College ein Diplom zu erwerben. Als sie für das Fach Biologie einen Laborversuch durchführen sollte, erinnerte sich Mrs. Retallack an die Experimente von George Smith, über die sie einiges gelesen hatte.

Mrs. Retallack tat sich also mit einem Studienkollegen zusammen, dessen Familie einen leeren Raum und Pflanzen zur Verfügung stellte, darunter Philodendren, Mais, Radieschen, Geranien und Usambaraveilchen. Die frisch gebackenen Versuchsleiter stellten also ihre Pflanzen in zwei Gruppen auf und spielten der einen Gruppe per Tonband einmal pro Sekunde die Klaviertöne B und D vor. Fünf Minuten dieser ermüdenden Tonwiederholungen wurden jeweils von fünf Minuten Stille abgelöst. Das Band spielte ununterbrochen zwölf Stunden am Tag. Während der ersten Woche erholten sich die Usambaraveilchen, die zu Beginn des Versuchs welk gewesen waren, und begannen zu blühen. Zehn Tage lang schienen alle Pflanzen der »Schallgruppe« gut zu gedeihen. Aber nach zwei Wochen wurden die Blätter der Geranien gelb. Ende der dritten Woche waren alle Pflanzen, wie hingemäht von einem starken Wind, eingegangen, mit der unerklärlichen Ausnahme der Usambaraveilchen, die offensichtlich frisch und gesund geblieben waren. Die Kontrollgruppe, die ruhig und friedlich wachsen konnte, grünte und blühte.

Mrs. Retallack berichtete ihrem Biologieprofessor, Francis F. Broman, von diesen Ergebnissen und fragte ihn, ob er sie ein noch genaueres Experiment durchführen ließe und es als Arbeit für sein Seminar anerkennen würde. Nur zögernd stimmte dieser zu. »Der Gedanke ließ mich innerlich aufseufzen«, sagte Broman nachträglich, »aber es war etwas Neues, und ich entschloss mich, es gutzuheißen, obwohl die meisten anderen Studenten laut herauslachten.« Broman besorgte Dorothy Retallack drei neue Simulator-Kammern, 16,80 Meter lang, 7,80 Meter hoch und 5,40 Meter tief. Sie sahen aus wie riesige Aquarien und erlaubten eine ganz genaue Kontrolle von Licht, Temperatur und Feuchtigkeit.

Mrs. Retallack verwendete mit Ausnahme der Usambaraveilchen die gleichen Pflanzen wie beim ersten Experiment, verteilte sie auf zwei Versuchskammern, pflanzte sie alle in die gleiche Erde und gab ihnen regelmäßig Wasser. In die dritte Kammer setzte sie die Kontrollgruppe. Der ersten Versuchsgruppe spielte sie jeden Tag acht Stunden lang unablässig den Ton F vor und der zweiten den gleichen Ton drei Stunden mit Unterbrechungen. In der ersten Versuchskammer waren ihre Pflanzen nach zwei Wochen mausetot. Die in der zweiten Versuchskammer waren jedoch sogar gesünder als die Kontrollpflanzen.

Mrs. Retallack und Professor Broman standen ziemlich perplex vor diesen Ergebnissen, denn sie hatten keine Ahnung, was die verschiedenen Reaktionen hervorgerufen haben könnte. Und unwillkürlich fragten sie sich, ob die Pflanzen wohl vor Müdigkeit oder Langeweile gestorben sind, oder einfach, weil sie »überschnappten«. Die eindeutigen Experimente riefen im biologischen Institut einige Aufregung hervor. Sowohl Studenten als auch Professoren taten entweder die ganze Sache als Schwindel ab oder waren von den unerklärlichen Ergebnissen fasziniert. Zwei Studenten folgten dem Beispiel Mrs. Retallacks und führten ein achtwöchiges Experiment mit Sommerkürbissen durch. Von zwei Radiosendern aus Denver ließen sie in die eine Versuchskammer stark rhythmisierte Rockmusik, in die andere klassische Musik übertragen.

Die Kürbisse zeigten sich keineswegs gleichgültig: Die Pflanzen, die Haydn, Beethoven, Brahms, Schubert und anderen Kompositionen aus dem Europa des 18. und 19. Jahrhunderts ausgesetzt waren, wuchsen dem Transistorradio *entgegen*, ja, eine Pflanze schlang sich gar liebevoll um den Apparat. Die »Rock-Kürbispflanzen« dagegen *mieden* den Lautsprecher geradezu und versuchten sogar, sich an den glatten Wänden ihres Glaskäfigs emporzuranken.

Dieser Erfolg veranlasste Mrs. Retallack Anfang 1969 noch eine ähnliche Versuchsreihe durchzuführen – mit praktisch den gleichen Ergebnissen. Sie konnte feststellen, dass die mit Rockmusik stimulierten Pflanzen sehr viel mehr Wasser verbrauchten, obwohl ihr Wachstum sowohl über als auch unter dem Boden schwächer war als bei der »klassischen Gruppe«. Kritiker ihrer Versuche wandten ein, dass bei Radioprogrammen noch andere Faktoren – Rauschen, Ansagen der Sprecher und ähnliches – eine Rolle spielen könnten. Aber auch Versuche mit auf Band aufgenommener Rockmusik zeigten die gleiche deutliche »Ab-Lehnung« der Pflanzen.

Mrs. Retallack vermutete, dass es hauptsächlich das Schlagzeug war, das ihren Pflanzen so auf die Nerven ging. Um das zu überprüfen, veranstaltete sie im Herbst ein neues Experiment. Sie wählte die bekannte Melodie *La Paloma* und spielte eine Blechtrommel-Version der einen Pflanzengruppe und eine Geigen-Version der anderen vor. Die getrommelte Melodie bewirkte eine *Ab*-Neigung der Pflanzen von der Senkrechten um durchschnittlich zehn Grad, die gegeigte eine *Zu*-Neigung von durchschnittlich fünfzehn Grad in Richtung Musikquelle. Ein Kontrollversuch bestätigte diese Resultate.

Mrs. Retallack fragte sich nun, welchen Effekt wohl die – wie sie es nannte – »intellektuell mathematisch ausgeklügelte Musik aus Ost und West« auf Pflanzen haben mochte. Sie wählte Choralvorspiele aus Johann Sebastian Bachs *Orgelbüchlein* und die klassischen Klänge des *Sitar*, einer weniger komplizierten iranischen Ausgabe der südindischen *Veena*, gespielt von Ravi Shankar.

Die Pflanzen zeigten deutlich, dass sie Bach mochten, indem sie sich um bisher noch nie da gewesene fünfunddreißig Grad den Preludien *entgegen*neigten. Aber selbst diese starke Zu-Neigung wurde noch bei weitem von der Reaktion auf Ravi Shankar übertroffen: Die Pflanzen legten sich in ihrem Bestreben, die Quelle der klassischen indischen Musik zu erreichen, schon halb in die Horizontale – mit extremen Winkeln von bis zu sechzig Grad –, und wieder umarmte die dem Lautsprecher am nächsten stehende Pflanze beinahe den Apparat.

Mrs. Retallack experimentierte auch mit verschiedenen anderen Musikteilen. Bei Folk- und Country-Music verhielten sich die Pflanzen wie in der stillen Kontrollkammer. Bei Jazz von Duke Ellington und Louis Armstrong neigten sich mehr als die Hälfte der Pflanzen fünfzehn bis zwanzig Grad dem Lautsprecher *zu* und ihr Wachstum war üppiger als das der Kontrollpflanzen. Auch die Verdunstungsmenge von destilliertem Wasser in den Kammern differierte je nach Musikstil. Aus vollen Gläsern verdunsteten in einem bestimmten Zeitraum in der stillen Kammer vierzehn bis siebzehn Milliliter, zwanzig bis fünfundzwanzig unter dem Einfluss von Bach, Shankar und Jazz, bei Rock jedoch betrug der Verlust fünfundfünfzig bis neunundfünfzig Milliliter. Bei modernen Klassikern der Zwölftonmusik andererseits, wie Schönberg, Webern und Berg, zeigten sich kaum Abweichungen vom Verhalten der Kontrollpflanzen. Schließlich wurden auch verschiedene Zeitungen auf diese erstaunlichen Versuche aufmerksam. »Bach oder Rock: Fragen Sie Ihre Blumen«, »Mutter strickt Ohrenschützer für unsere Petunien« waren eher humoristische Schlagzeilen, es gab aber auch andere: »Musik, die Pflanzen tötet« und »Das sollte unseren Teenagern nicht passieren«.

Wie die hörbaren Töne nur einen kleinen Bereich des ganzen Schallspektrums ausmachen, so sind Schallwellen nur eine der vielen möglichen Wellenformen. Und die Pflanzen sind nicht nur den Wirkungen des Schallspektrums, sondern auch ständig den Einflüssen des elektromagnetischen Spektrums unterworfen. Elektromagnetische Wellen gehen nicht nur von den zahlreichen Einrichtungen der Menschen aus, sondern auch von Sonne, Mond, Planeten, ja, dem gesamten Weltraum.

In den späten zwanziger Jahren des 18. Jahrhunderts begoss eines Abends der französische Schriftsteller und Astronom Jean Jacques d'Ortous de Mairan seine Mimosen *(Mimosa pudica)* im Wohnzimmer. Da bemerkte er zu seinem Erstaunen, dass die untergehende Sonne die empfindsamen Pflanzen dazu veranlasste, ihre Blütenblätter zusammenzufalten, als hätte sie jemand berührt. Mairan, Forscher mit Leib und Seele, zog nun nicht einfach den Schluss, dass die Pflanzen »schlafen gingen«, als es dunkel wurde. Er brachte vielmehr am nächsten Tag zwei der Pflanzen in einen völlig abgedunkelten Raum. Mittags waren ihre Blüten noch weit geöffnet, aber bei Sonnenuntergang schlossen sie sich ebenso wie die der Pflanzen auf dem Wohnzimmertisch. Die Pflanzen – so folgerte Mairan – mussten fähig sein, die Sonne irgendwie wahrzunehmen, ohne sie zu »sehen«. In seinem Bericht an die französische Académie des Sciences schrieb er, dass

Pflanzen unter dem Einfluss eines unbekannten Faktors im Universum stünden und dass möglicherweise dieselbe Kraft dafür verantwortlich sei, wenn Patienten im Spital zu gewissen Zeiten besonders schwach wären.

Etwa zweieinhalb Jahrhunderte später machten Mairans Hypothesen Eindruck auf den Leiter der Environmental Health and Light Research Institute in Sarasota, Florida, Dr. John Ott. Er konnte sie experimentell bestätigen und fragte sich, ob diese »unbekannte Energie« auch eine dicke Erdschicht durchdringen könnte, die einzig bekannte wirksame Abschirmung gegen die so genannte »kosmische Strahlung«.

Ott nahm sechs Mimosen mit in einen Bergwerksschacht, etwa zweihundert Meter unter der Erdoberfläche, und beobachtete sie von Mittag an. Anders als die Pflanzen in Mairans verdunkeltem Zimmer schlossen die unterirdischen Exemplare von Ott sofort ihre Blätter, ohne den Sonnenuntergang abzuwarten. Und dies auch, wenn ringsherum Glühbirnen brannten. Ott schrieb die Reaktion der Pflanzen dem Elektromagnetismus zu, von dem zu Mairans Zeit nur wenig bekannt war, dennoch blieben auch ihm die eigentlichen Zusammenhänge ebenso rätselhaft wie dem französischen Forscher.

Die elektromagnetischen Wellen, die wir für Radio, Fernsehen, Radar etc. nützen, unterscheiden sich von den Schallwellen dadurch, dass sie sich nicht nur in Materie fortpflanzen können, sondern auch im »Nichts«. Mit einer Geschwindigkeit von etwa dreihundert Millionen Kilometern pro Sekunde rasen sie durch die weiten Räume des Kosmos, aber niemand konnte bis heute genau erklären, *wie* sie sich eigentlich fortbewegen.

1747 wurde dem französischen Abbé Jean-Antoine Nollet, dem Physiklehrer des Dauphin, von einem deutschen Physiker aus Wittenberg mitgeteilt, dass Wasser, welches normalerweise tropfenweise aus einer Kapillarröhre austritt, in einem kontinuierlichen Strom ausläuft, wenn man die Kapillare unter Strom setzt. Nachdem Nollet die Versuche des Deutschen wiederholt und zusätzlich noch ein paar eigene durchgeführt hatte, kam er zu dem Schluss – wie er sich später ausdrückte –, »dass diese elektrische Kraft, wenn man sie auf eine bestimmte Art anwendete, bemerkenswerte Wirkungen ausüben könnte auf Organismen, die man in gewisser Weise als von der Natur selbst erbaute hydraulische Maschinen ansehen müsste«. Nollet setzte mehrere Pflanzen in metallische Töpfe und platzierte sie neben einem Leitungsdraht. Aufgeregt stellte er fest, dass ihre Verdunstungsrate stieg. In einer langen Versuchsreihe wog er nicht nur gelbe Narzissen, sondern auch Spatzen, Tauben und Katzen, und es zeigte sich, dass sie unter elektrischer Spannung schneller an Gewicht verloren.

Nollet fragte sich, wie wohl Samen von der Elektrizität beeinflusst würden, pflanzte einige Dutzend Senfkörner in zwei Kupferbehälter und setzte den einen von ihnen eine Woche lang am Morgen von sieben bis zehn Uhr und am Nachmittag von drei bis acht Uhr unter Strom. Nach diesen sieben Tagen hatte jedes Korn des elektrifizierten Behälters ausgetrieben und eine durchschnittliche Höhe von dreieinhalb bis vier Zentimeter erreicht. Bei den Samen ohne Strom waren die drei Triebe, die die Erdschicht durchstoßen hatten, lediglich einen halben bis einen drei viertel Zentimeter hoch. Nollet behauptete in einem großen Bericht an die französische Academie, dass Elektrizität irgendwie einen tiefgreifenden Einfluss auf die Wachstumsfunktionen von Lebensformen ausübe, obwohl er keine Ahnung habe, weshalb.

Schon damals aber wandte man der Wirkung der Elektrizität auf unbelebte Systeme mehr Aufmerksamkeit zu als ihrem Einfluss auf lebende Organismen. So machte es auch keinen großen Eindruck, als ein weiterer Geistlicher, Abbé Bertholon, 1780 sein Buch *De l'Electricité des Végétaux* (»über die Elektrizität bei Pflanzen«) herausbrachte. Bertholon, Professor für experimentelle Physik, bestätigte und bekräftigte Nollets Gedanken, dass die Elektrizität durch Veränderung der Viskosität oder des Flusswiderstandes von Flüssigkeiten in lebenden Organismen deren Wachstumsfunktionen beeinflussen könnte. Er zitierte den Bericht eines italienischen Physikers, Giuseppe Toaldo, dass in einer Reihe von Jasminbüschen die beiden, die am nächsten bei einem Blitzableiter standen, neun Meter groß wurden, während alle andern nur einen Meter zwanzig erreichten.

Bertholon stellte seinen Gärtner auf ein Stück isolierendes Material und hieß ihn, Gemüse aus einer elektrifizierten Wasserkanne zu begießen. Er berichtete, dass seine Salate zu außergewöhnlicher Größe heranwuchsen. Er erfand auch ein Gerät, das er »Elektrovegetometer« nannte, mit dessen Hilfe es ihm gelang, atmosphärische Elektrizität einzufangen und sie durch Pflanzen, die auf einem Feld wuchsen, zu leiten. »Dieses Gerät«, schrieb er, »lässt sich bei jeder Art von Pflanzenbau verwenden, überall und bei jedem Wetter; seine Nützlichkeit und Wirksamkeit kann weder unbeachtet bleiben noch in Zweifel gezogen werden, außer von ängstlichen Seelen, die sich von Entdeckungen nicht inspirieren lassen und niemals die der Wissenschaft gesetzten Grenzen überschreiten werden, sondern für ewig in dem engen Bereich einer feigen Kleinmütigkeit verharren, die nur allzu oft mit dem Namen Vorsicht bemäntelt wird.«

In Bologna entdeckte Luigi Galvani 1786, dass Froschschenkel, die zwischen ein Stück Kupfer und ein Stück Eisen gelegt wurden, so zuckten, als seien sie elektrisiert worden. Der Strom musste entweder von den Metallen oder von den Schenkeln ausgehen. Galvani, der meinte, dass es sich eher um eine lebende als um eine tote Kraft handle, schrieb die Reaktion einer vitalen Energie im tierischen Gewebe zu und nannte sie »animalische Elektrizität« – vielleicht in etwa vergleichbar dem »animalischen Magnetismus«, den Franz Anton Mesmer 1779 entdeckt hat. Doch seine Theorien wurden von der Wissenschaft ebenso abgelehnt wie jene des Barons Karl von Reichenbach, der 1845 die Feststellung machte, dass besonders begabte Personen, die er »Sensitive« nannte, tatsächlich merkwürdige Energien sehen konnten, die von allen Lebewesen und sogar von den Enden eines Stabmagneten ausgehen. Diese Energie nannte er »Od«. Reichenbach betonte, dass sein Od zwar dem animalischen Magnetismus ähnele und mit ihm in Verbindung stehen könne, aber auch völlig unabhängig davon vorhanden sei.

Ein neuer Impuls für die Anwendung atmosphärischer Elektrizität auf das Pflanzenwachstum wurde gegeben, als ein finnischer Wissenschaftler mit Interesse für elektrische Phänomene, Selim Lemström, in den Jahren von 1868 bis 1884 vier Expeditionen in die subpolaren Gebiete von Spitzbergen unternahm. Lemström, ein Fachmann für Nordlicht und Erdmagnetismus, stellte die Theorie auf, dass die üppige Vegetation jener Breiten, die der Volksmund den langen Sommertagen in diesen Gegenden zuschrieb, in Wirklichkeit »dieser heftigen elektrischen Erscheinung, dem Nordlicht« zu verdanken sei.

Nachdem es seit der Zeit Franklins bekannt war, dass spitze Erhebungen die atmosphärische Elektrizität besonders stark anziehen – eine Beobachtung, die zur Entwicklung des Blitzableiters führte –, überlegte Lemström, ob vielleicht »die hohen Spitzen der Pflanzen wie Blitzableiter funktionieren, die atmosphärische Elektrizität einfangen und den Ladungsaustausch zwischen Luft und Boden erleichtern«. Lemström studierte die Jahresringe von Föhrenstammquerschnitten und entdeckte, dass das jährliche Wachstum vollkommen mit den Perioden erhöhter Nordlicht- und Sonnenfleckenaktivität in Einklang stand. Je weiter nördlich er reiste, desto deutlicher war dieser Effekt.

Nach Hause zurückgekehrt begann Lemström, seine Beobachtungen durch Experimente zu verifizieren. Er verband eine Reihe von Blumen in Metalltöpfen mit einem Generator für statische Elektrizität, und zwar mit Hilfe eines Drahtnetzes, das er vierzig Zentimeter über den Pflanzen anbrachte, und eines Metallpflocks, den er als Erdung in den Boden schlug. Andere Töpfe »überließ er der Natur«. Nach acht Wochen zeigten die elektrifizierten Pflanzen eine Gewichtszunahme von beinahe fünfzig Prozent gegenüber ihren elektrizitätslosen Nachbarn. Als er seine Apparatur in den Garten verlegte, verdoppelte er nicht nur seine Erdbeerernte, die Früchte schmeckten auch viel süßer. Der Ertrag seiner Haferpflanzen stieg um ein Drittel.

In einer langen Reihe von Versuchen stellte er fest, dass seine Ergebnisse je nach Gemüse-, Frucht- oder Kornart, aber auch abhängig von Temperatur, Feuchtigkeit und Bodenbeschaffenheit variierten. 1902 berichtete Lemström über seine Arbeit in seinem Buch *Elektrokultur*.

Sir Oliver Lodge versuchte, angeregt durch Lemströms Buch, dessen Pflanzenexperimente zu vervollkommnen. Lemströms Schwierigkeiten beim allmählichen Anheben des Drahtnetzes, wenn die Pflanzen immer höher wuchsen, umging er, indem er sein Gitter auf hohen Masten an Isolatoren so aufhängte, dass sich Menschen, Tiere und landwirtschaftliche Maschinen frei auf seinen elektrifizierten Feldern bewegen konnten. Im Laufe einer Wachstumsperiode gelang es Lodge, den Ertrag von *Canadian-Red-Fife*-Weizen um vierzig Prozent zu steigern, und er freute sich, als er hörte, dass die Bäcker, die aus diesem Weizenmehl Brot herstellten, behaupteten, dass die Brotqualität viel besser sei als bei üblichem Mehl.

1962 sagte E. G. McKibben, ein ehemaliger Direktor des United States Department of Agriculture's Division of Agricultural Engineering Research in einem Grußwort an die American Society of Agricultural Engineers: »Die Verwendungsmöglichkeiten von elektromagnetischer Energie in ihren zahlreichen Formen und ihre Bedeutung für die Landwirtschaft ist nur dann Einschränkungen unterworfen, wenn zu wenig kreative Ideen und physikalische Reserven zur Verfügung stehen. Elektromagnetische Energie ist vermutlich die grundlegendste Energieform. Sie, oder etwas ihr nahe Verwandtes, scheint der Grundstoff aller Energie und aller Materie zu sein und auch der wesentliche Baustoff allen pflanzlichen und tierischen Lebens«. McKibben betonte, dass noch völlig unerwartete Entwicklungen durchaus im Bereich des Möglichen lägen, wenn man nur die entsprechenden Bemühungen mehr unterstützen wollte. Aber sein Plädoyer traf bisher auf taube Ohren.

9
Fernseh-Bohnen und »Lebensfelder«

Georges Lachowskij, ein aus Russland stammender Ingenieur, der in Paris lebte, behauptete in den frühen zwanziger Jahren, die Grundlage des Lebens sei nicht die Materie, sondern mit ihr verbundene nichtmaterielle Schwingung. »Jedes lebende Wesen sendet Strahlungen aus«, betonte er, und er verfocht die revolutionäre These, dass die Zellen, die grundlegenden organischen Einheiten aller Lebewesen, elektromagnetische Strahler seien, die – wie Funkapparate – Hochfrequenzwellen empfangen und aussenden können.

Die Grundidee von Lachowskijs Theorie war, dass Zellen mikroskopische Schwingkreise seien. Elektrotechnisch gesprochen sind für einen solchen Schwingkreis zwei Grundelemente notwendig: Ein Kondensator – als Quelle gespeicherter elektrischer Ladung – und eine Drahtspule. Während der Strom aus dem Kondensator zwischen den Enden des Drahtes hin und her fließt, erzeugt er ein Magnetfeld, das so und so oft in der Sekunde – mit einer bestimmten Frequenz – wechselt. Wenn man einen solchen Schwingkreis stark verkleinert, erhöhen sich die Frequenzen entsprechend. Dies geschieht nach Meinung Lachowskijs in den mikroskopisch kleinen Zellkernen der lebenden Zellen. In den kleinen gewundenen Filamenten im Zellkern sah er Analoga zu elektrischen Stromkreisen. In seinem Buch *Le Secret de la Vie*, das 1925 veröffentlicht wurde, beschrieb er eine Anzahl verblüffender Experimente. Diese untermauerten die Idee, dass Krankheit eine Sache des gestörten Gleichgewichts der zellularen Schwingung sei und dass der Kampf zwischen gesunden Zellen und Krankheitserregern – wie z. B. Bakterien oder Viren – ein »Strahlungskrieg« sei. Sind die Strahlungen der Mikroben stärker, so beginnen die Zellen aperiodisch zu oszillieren, werden »unpässlich« und erkranken. Hören sie auf zu oszillieren, sterben sie. Wenn die zellularen Strahlungen die Oberhand gewinnen, werden die Mikroben abgetötet. Um eine kranke Zelle wieder gesund zu machen, meinte Lachowskij, sollte man sie mit einer Strahlung behandeln, die eine entsprechende Frequenz aufweist.

Bereits 1923 entwarf er ein Elektrogerät, das sehr kurze Wellen (mit Wellenlängen zwischen zwei und zehn Metern) ausstrahlt. Er nannte es »Radio-Zellulo-Oszillator«. In der chirurgischen Abteilung der berühmten Salpetrière in Paris impfte er Geranien mit krebserzeugenden Bakterien. Als die Pflanzen Tumore von Kirschkerngröße entwickelt hatten, wurde eine von ihnen der Strahlung des Oszillators ausgesetzt. Im Laufe der ersten Tage wuchs die Geschwulst rasch an, aber nach zwei Wochen begann sie plötzlich zu schrumpfen und abzusterben. Nach weiteren zwei Wochen fiel sie von der infizierten Pflanze ab. Andere Geranien, die über verschieden lange Zeiträume behandelt wurden, warfen ebenfalls ihre Krebszellen unter dem Einfluss der Oszillator-Strahlung ab.

In Lachowskijs Augen bestätigten diese Heilungen seine Theorie. Der Krebs war durch eine Verstärkung der normalen Schwingungen von gesunden Zellen in den Geranien überwunden worden. Dies war dem Vorgehen der Radiumspezialisten so ziemlich diametral entgegengesetzt, denn die schlugen ja vor, die Krebszellen durch äußere Bestrahlung zu zerstören.

Woher aber sollte die Energie kommen, die zur Entwicklung und Stabilisierung normaler Zelloszillation nötig ist? Das war die entscheidende Frage. Lachowskij hielt es nicht für wahrscheinlich, dass die Energie in der Zelle selbst produziert wird, sowenig eine Batterie oder eine Dampfmaschine ihre Energie selbst erzeugt. Er kam deshalb zu dem Schluss, dass die Energie von außen, von der kosmischen Strahlung abgezweigt werden muss.

Um diese Theorie zu überprüfen, nahm er im Januar 1925 eine Geranie aus einer Reihe von mit Krebs infizierten Pflanzen und legte um sie eine ringförmige Kupferspirale mit einem Durchmesser von dreißig Zentimetern. Die beiden unverbundenen Enden des Kupferdrahtes fixierte er in einem Hartgummihalter. So hoffte er, die natürliche Energie aus dem Weltraum anzapfen zu können. Und tatsächlich erfreute sich die Pflanze in der Kupferspirale nach einigen Wochen nicht nur blendender Gesundheit, während die anderen infizierten Geranien alle abgestorben und vertrocknet waren, sie war sogar doppelt so hoch gewachsen wie die krebsfreien Kontrollpflanzen.

Lachowskij musste nun herausfinden, wie es der Geranie möglich war, aus dem weiten Feld von Wellen der äußeren Atmosphäre genau *die* Frequenzen zu empfangen, die es ihren gesunden Zellen erlaubten, normal und so stark zu oszillieren, dass die krebsverseuchten Zellen zerstört wurden.

Der Menge der Strahlungen aller Frequenzen, die unablässig aus dem Weltraum durch unsere Atmosphäre dringen, gab Lachowskij den Gattungsnamen »Universion«. Und er nahm an, dass die Spirale als Filter wirkte, durch den diese Strahlungen spezifisch dazu aktiviert wurden, die kranken Zellen der Geranie wieder zu gesunder Oszillation anzuregen.

Im März 1927 schrieb Lachowskij einen Aufsatz über den Einfluss astraler Wellen auf die Oszillation lebender Zellen, der von seinem Freund, Professor Jacques-Arsène d'Arsonval der französischen Académie des Sciences vorgetragen wurde. Arsène d'Arsonval, ein berühmter Biophysiker, ist der Entdecker der Diathermie, eines Heilverfahrens, bei dem Hochfrequenzströme innere Körperabschnitte durchwärmen.

Bis zum März 1928 hatte die Geranie mit dem Kupferring die abnorme Höhe von einem Meter fünfunddreißig erreicht und sprosste sogar im Winter. Lachowskij war überzeugt, dass er durch seine Versuche mit Pflanzen auf eine neue Therapiemöglichkeit gestoßen war, die für die Medizin von großer Bedeutung sein konnte. Er konstruierte daher einen ausgeklügelten therapeutischen Apparat zur Behandlung von Menschen, den er »Multi-Wellen-Oszillator« nannte. Obwohl damit in Kliniken in Frankreich, Schweden, Italien und Amerika Erfolge erzielt wurden, gerieten seine erstaunlichen Entdeckungen nach seinem Tode im Jahre 1943 in Vergessenheit und wurden nicht weiterverfolgt. Heute ist der Gebrauch des »Multi-Wellen-Oszillators« zu Heilzwecken von den amerikanischen Gesundheitsbehörden verboten.

Während Lachowskij in Paris arbeitete, entwickelte an der Staatlichen Universität von Texas ein Team unter der Leitung von Professor E. J. Lund eine Methode, um elektrische Potentiale bei Pflanzen zu messen. In einer Reihe von Experimenten, die sich über mehr als zehn Jahre erstreckten, zeigte Lund, dass Pflanzenzellen elektrische Felder, Ströme oder Impulse hervorbringen, die als »Nervensystem« dienen könnten, wie es Bose schon postuliert hatte. Lund demonstrierte ferner, dass das Wachstum der Pflanzen eher von diesem elektrischen Nervensystem ausgelöst wird als von Wachstumshormonen oder Auxinen, wie man zuvor geglaubt hatte, und das die Auxine von den in den Zellen erzeugten elektrischen Feldern an die Stellen, wo Wachstum bekanntlich stattfindet, beordert, ja, sogar transportiert werden.

In seinem wichtigen, aber wenig bekannten Buch *Bioelectric Fields and Growth* (»Bioelektrische Felder und Wachstum«) schreibt Lund, dass sich das elektrische Muster in Pflanzenzellen fast eine halbe Stunde vor dem Zeitpunkt ändert, zu dem die Diffusion der Hormone in ihnen wirksam und ein Wachstum registriert werden kann.

Professor Otto Rahn, Bakteriologe an der Cornell-Universität, stellte mit Erstaunen fest, dass jedes Mal, wenn ein Mitarbeiter seines Laboratoriums krank wurde, dadurch der Tod von Hefezellen, mit denen der Betreffende gearbeitet hatte, verursacht zu werden schien. Wenn diese Pilze nur wenige Minuten den Fingerspitzen von Kranken – sogar auf Distanz – ausgesetzt waren, starben lebenskräftige Zellen ab. Weitere Forschungen ergaben, dass eine chemische Verbindung, die von den Händen und Gesichtern der kranken Labortechniker abgesondert wurde, dafür verantwortlich war. Aber wie diese auch auf Distanz wirken konnte, blieb ein Rätsel. Rahn konnte schließlich nachweisen, dass das dauernd sich erneuernde Gewebe der Hornhaut des Auges sowie auch die meisten Wunden und Krebsgeschwüre eine Strahlung aussenden. Von dieser und anderen Entdeckungen berichtet er in seinem Buch *Invisible Radiations of Organisms* (»Unsichtbare Strahlungen von Organismen«), das jedoch von seinen Kollegen meist ignoriert wurde.

Nicht besser erging es dem Arzt George Washington Crile, dem Gründer der Cleveland Clinic Foundation, der 1936 *The Phenomena of Life: A Radio-Electrical Interpretation* (»Die Erscheinungen des Lebens: Eine radioelektrische Interpretation«) veröffentlichte. Er bot in diesem Buch Beweise dafür, dass der lebende Organismus für die Erzeugung, Speicherung und Nutzung von elektrischer Energie eingerichtet ist. Nach Crile sind die Quellen dieser Energie ultramikroskopische Aggregate im Protoplasma, die er »Radiogene« nannte. Er war der Auffassung, dass es für zukünftige geschickte Radio-Diagnostiker möglich sein würde, eine Erkrankung schon zu entdecken, noch bevor dafür äußere Symptome erkennbar wären. Aber seine Kollegen lachten ihn nur aus.

Es gelang jedoch mittlerweile, durch den Kunstgriff der Zeitrafferfotografie die Effekte von elektromagnetischer Energie auf kranke und gesunde lebende Zellen sichtbar zu machen.

John Nash Ott, ein Pionier auf dem Gebiet der Zeitrafferfotografie, entdeckte, dass verschiedene Wellenlängen des Lichts einen grundlegenden Einfluss auf die Photosynthese ausüben. In monatelanger Arbeit hatte er eine Apparatur gebaut, die es ihm erlaubte, mikroskopische Aufnahmen des strömenden Protoplasmas in den Zellen von Wasserpest *(Helodea canadensis)*, die dem direkten Sonnenlicht ausgesetzt waren, zu machen. Im ungefilterten Sonnenlicht strömten die Chloroplasten, die Träger des Chlorophylls, die in erster Linie für die Photosynthese verantwortlich sind, auf geordnete Weise rings um die länglich-rechteckige Zelle. Wurde aber das Ultraviolett ausgefiltert, fielen einige Chloroplasten aus dem allgemeinen Strömungsmuster heraus und drückten sich unbeweglich in die Ecken. Wenn er die Farben vom blauen Bereich des Spektrums her gegen den roten hin ausfilterte, verlangsamte sich der Chloroplastenstrom in zunehmendem Maße.

Besonders faszinierend war für Ott die Tatsache, dass alle Chloroplasten am Abend langsamer wurden und schließlich still standen, unabhängig davon, wie intensiv sie mit künstlichem Licht bestrahlt wurden. Erst wenn die Sonne am nächsten Morgen aufging, begannen sie wieder mit ihrer gewohnten Rundreise.

Wie in diesem Falle verschiedene Lichtfrequenzen die physiologischen Vorgänge in der Pflanze steuerten, so könnten Farben vielleicht die Physis des Menschen beeinflussen, überlegte Ott.

Ein Artikel in der Zeitschrift *Time* über die Folgen, die mehrstündiges Fernsehen für Kinder haben kann, veranlasste Ott 1964 Forschungen über die Auswirkungen von Fernsehstrahlungen auf Pflanzen und Menschen anzustellen. Er fragte sich vor allem, ob dabei nicht Röntgenstrahlung im Spiele ist, die im Energiespektrum noch jenseits der UV-Strahlung liegt.

Um seine Theorie zu überprüfen, bedeckte Ott die eine Hälfte einer Farbfernsehbildröhre mit einer etwa eineinhalb Millimeter dicken Bleiabschirmung, die normalerweise dazu verwendet wird, Röntgenstrahlen abzuhalten, die andere Hälfte mit dickem, schwarzem Papier, das sichtbares Licht und UV-Strahlung abhält, jedoch für andere elektromagnetische Frequenzen durchlässig ist.

Ott stellte sechs Töpfe mit Bohnensprösslingen vor jede Hälfte der Bildröhre, je ein Paar in drei übereinanderliegenden Reihen. Sechs weitere Töpfe mit je drei Sprösslingen stellte er als Kontrollgruppe, fünfzehn Meter entfernt vom Gewächshaus, in dem sich der Fernsehapparat befand, im Freien auf.

Nach Ablauf von drei Wochen waren sowohl die mit Blei abgeschirmten Bohnen, als auch die im Freien fünfzehn Zentimeter gewachsen und sahen gesund und normal aus. Die Bohnen, die nur durch das schwarze Papier vor den Ausstrahlungen des Fernsehgeräts geschützt wurden, zeigten einen krankhaft verkrümmten Wuchs. In einigen Fällen schienen die Wurzeln, entgegen der Norm, aufwärts aus dem Boden gewachsen zu sein. Wenn die Strahlung von Fernsehapparaten aus Bohnen Monster werden ließ, was vermag sie da Kindern anzutun?

Obwohl Ott auch durch Versuche mit Ratten nachweisen konnte, dass die Strahlungen, die von der Fernsehröhre ausgehen, Verhaltensstörungen und physiologische Veränderungen hervorrufen, behaupten die Fernsehgewaltigen weiterhin, es sei völlig ausgeschlossen, dass heute ein Fernsehgerät schädliche Strahlen aussendet.

Für ein Filmprojekt sollte Ott Zeitrafferaufnahmen von aufblühenden Geranien, Rosen, Schwertlilien, Hyazinthen, Tulpen und Märzbechern machen. Dafür entwickelte er eine neue Fluoreszenzröhre, die das gesamte sichtbare Spektrum und Ultraviolett ausstrahlt, um so genau wie möglich das natürliche Sonnenlicht zu kopieren. Weil er unter Zeitdruck arbeiten musste, konnte er seine Aufgabe nur erfüllen, wenn die Pflanzen mit Hilfe des neuen Lichts wachsen würden. Zu seiner Erleichterung wuchsen alle Pflanzen gut. Aber Ott bemerkte, dass die Pflanzen, die unter dem Mittelteil der Röhre standen, besser wuchsen, als jene an den beiden Enden. Er wusste, dass die Fluoreszenzröhren nach dem gleichen Prinzip arbeiten wie die Kathodenstrahlröhren in Fernseh- oder Röntgenapparaten, nur unter viel niedrigerer Spannung. Wieder führte er Experimente mit Bohnensprösslingen durch und stellte fest, dass die Enden von Fluoreszenzröhren ebenfalls das normale Wachstum stören.

Nach vielen weiteren Versuchen mit Bohnen gelangte Ott zu der Überzeugung, dass Bohnen viel genauer Strahlungsmengen registrieren als die sonst üblichen Strahlungsmessgeräte, weil im Gegensatz zum Apparat biologische Systeme die kumulative Wirkung aufnehmen.

Studien an Krebspatienten und andere Untersuchungen über Zellverhalten führten Ott zu dem Schluss, dass schlechte und falsche Beleuchtung oder Bestrahlung ebenso sehr krankheitsverursachend oder -fördernd sein können wie schlechte und falsche Ernährung.

Nachdem die Arbeiten von Rahn, Crile und anderen die Behauptungen von Galvani und Mesmer bestätigten, dass lebende Wesen elektrische oder magnetische Eigenschaften besitzen, war es merkwürdig, dass noch niemand erklärt hatte, dass lebende Organismen auch die gleichen elektromagnetischen Felder aufweisen müssten, mit denen man in der Teilchenphysik arbeitet. Dies aber war genau die Theorie, die zwei Professoren der Yale-Universtität kühn vortrugen. Der eine, F. S. C. Northrop, war ein Philosoph, der andere, Harold Saxton Burr, war – wie Galvani – Arzt und Anatom.

Northrop und Burr meinten, dass elektrische Felder hinter der Organisation von lebenden Systemen stehen, dass sie die Synthese der zahllosen chemischen Bestandteile zu organischen Molekülen steuern und die richtige Anordnung von neuen Zellen im Organismus bestimmen.

Burr und seine Kollegen im Labor konstruierten ein Voltmeter neuer Bauart, das keinen Strom von den zu untersuchenden Lebensformen ableitet und so die sie umgebenden Felder nicht unterbrechen konnte. Mit diesem Apparat gelang es Burr, »Lebensfelder« – wie er sie nannte – rund um die Samen zu messen. Er entdeckte, dass bereits die Änderung eines einzigen Gens im Chromosomensatz tiefgreifende Veränderungen im Spannungsmuster hervorrief. Er konnte der elektrischen Analyse eines Samens auch entnehmen, wie kräftig und gesund die daraus entstehende Pflanze werden würde.

Mit Messungen über lange Zeiträume hinweg gelang es Burr, bei Bäumen zyklische Veränderungen festzustellen, die teilweise mit den Phasen des Mondes und der Sonnenflecken übereinstimmten, teilweise jedoch zunächst unerklärlich blieben. Seine Messungen rehabilitierten zumindest ein wenig die lange verspotteten Bauern, die behaupteten, man müsse sich beim Pflanzen nach den Mondphasen richten. Auch beim Menschen konnte er Phasen von periodisch wiederkehrenden Höhe- und Tiefpunkten feststellen, entsprechend den von Wilhelm Fließ entdeckten Biorhythmen.

Burrs Lebenswerk wurde von einem seiner Studenten, der später Psychiater wurde, Leonard J. Ravitz, fortgeführt und weiterentwickelt. Dabei ergaben sich Hinweise darauf, dass die Felder um die Körper von Lebewesen physische Abläufe *vorwegnehmen* und es möglich sein könnte – wie Marcel Vogel behauptet –, durch mentale Beeinflussung dieser Felder auf die mit ihnen verbundene Materie günstig oder ungünstig einzuwirken. Bisher hat sich die Schulmedizin um derartige Signale an ihrem Weg kaum gekümmert, aber sie wird sich noch auf ganze andere Dinge gefasst machen müssen.

Am Institut für klinische und experimentelle Medizin in Nowosibirsk, einer aufstrebenden Industriestadt an den Ufern des großen sibirischen Flusses Ob, wurde 1972 nämlich eine Entdeckung gemacht, die Rahn und Crile recht zu geben scheint.

S. P. Schchurin und zwei seiner Kollegen vom Institut für Automation und Elektrometrie erhielten ein besonderes Diplom vom staatlichen Komitee der UdSSR für Erfindungen und Entdeckungen, weil sie herausgefunden hatten, dass Zellen Informationen austauschen können, indem sie ihre Botschaften in Form einer speziellen elektromagnetischen Strahlung verschlüsseln.

Die Experimentatoren hatten zwei gleichartige Gewebekulturen in zwei hermetisch abgeschlossenen Behältern aufgestellt und die eine der Kulturen mit einem letalen Virus infiziert, der die Zellen dieser Kolonie absterben ließ. Wenn die beiden Kulturen durch eine Glaswand getrennt waren, blieb die nichtinfizierte Kultur völlig unberührt. Ersetzte man jedoch das normale Glas durch Quarzglas, so starb auch die gesunde Zellkultur ab, obwohl sie unmöglich auch infiziert worden sein konnte. Wie ließ sich dieses Absterben erklären?

Die sowjetischen Wissenschaftler arbeiteten mit einem elektronischen Auge, das durch einen Fotoelektronenvervielfacher verstärkt wurde und das Energieniveau der auftreffenden Strahlung selbsttätig über einen Streifenschreiber aufzeichnete. Sie entdeckten, dass die Ultraviolettstrahlung der Kulturen konstant blieb, solange die Lebensprozesse normal abliefen. Sobald jedoch eine Zellkolonie gegen eine Infektion anzukämpfen hatte, verstärkte sich die Strahlung. Und – so unglaublich das klingen mag – die Schwankungen in der Strahlenintensität des UV-Lichts *übertrugen Informationen*, die von der zweiten Zellkolonie irgendwie empfangen wurden – wie Worte, die durch die Punkte und Striche des Morsealphabets übermittelt werden.

Nachdem jeweils die nichtinfizierte Zellkultur auf genau die gleiche Weise gestorben war wie die kranke, wurde den Russen klar, dass es für gesunde Zellen ebenso gefährlich ist, der *Strahlung* von kranken Zellen ausgesetzt zu sein wie mit Viren, Giften oder tödlichen Strahlen selbst in Berührung zu kommen. Es schien so, als ob die gesunde Kultur auf das Alarmsignal der sterbenden hin Widerstand mobilisierte, und dass eben diese »Kriegsvorbereitungen« gegen einen nichtvorhandenen Feind sich als ebenso fatal erwiesen, wie wenn der Angriff wirklich erfolgt wäre.

Diese Ergebnisse werteten auch die Arbeiten von Semjon Kirlian auf. Ihm war es nämlich gelungen, die von Burr und Ravitz so exakt beschriebenen und gemessenen Kraftfelder, die Menschen und Pflanzen umgeben, in außergewöhnlichen Bildern auf den Film zu bannen.

In Krasnodar, der Hauptstadt des Kubangebietes, hatten Semjon Davidowitsch Kirlian und seine Frau Valentina eine völlig neue Methode der Fotografie entwickelt, um die merkwürdigen Lumineszenzen, die von allen lebenden Organismen auszugehen schienen, aber dem menschlichen Auge nicht sichtbar waren, fotografisch festzuhalten.

Eines Tages kam der Direktor eines wissenschaftlichen Forschungsinstitutes. Er hatte zwei völlig gleich aussehende Blätter bei sich, die die Kirlians mit ihrer neuen Methode fotografieren sollten. Diese »Zwillingsblätter« waren von der gleichen Pflanzengattung und zu genau der gleichen Zeit abgerissen worden. Aus zahlreichen Tests mit verschiedenen Pflanzen wussten sie, dass jede Pflanzengattung ihr eigenes unverwechselbares Energiebild zeigt. Die Fotos der beiden Blätter, die ihnen der Wissenschaftler gegeben hatte, unterschieden sich jedoch scharf voneinander. Stammten die Blätter doch von verschiedenen Pflanzengattungen? Hatten die Kirlians einen Fehler gemacht?

Sie wiederholten die Aufnahme mehrere Male – die Ergebnisse blieben die gleichen. Die Lumineszenzen aus dem einen Blatt wiesen kugelförmige Flammen auf, die symmetrisch über das ganze Bild des Blattes verteilt waren. Das zweite Blatt zeigte winzig dunkle geometrische Muster, die hier und dort Gruppen bildeten.

Semjon und Valentina arbeiteten die ganze Nacht hindurch, machten Aufnahme nach Aufnahme von den zwei Blättern. Aber wie sie die Technik auch veränderten – die Ergebnisse blieben die gleichen. Enttäuscht wiesen sie am anderen Morgen die Bilderserien ihrem berühmten Gast vor. Zu ihrer Überraschung erhellte sich sein Gesicht vor Freude. »Sie haben es gefunden«, sagte er begeistert.

Die zwei erschöpften Erfinder vergaßen ihre Müdigkeit, als der Botaniker erklärte: »Beide Blätter sind tatsächlich von der gleichen Pflanzengattung. Doch eine der Pflanzen war, wie ich vermutete, bereits mit einer Krankheit infiziert. Sie haben mir das bestätigt! An der Pflanze oder an dem Blatt ist äußerlich nichts zu erkennen, was darauf hindeutet, dass sie infiziert wurde und bald eingehen wird. Kein Test mit der Pflanze selbst zeigte, dass etwas mit ihr nicht in Ordnung ist. Mit der Hochfrequenzfotografie haben Sie die Krankheit der Pflanze sozusagen im Voraus diagnostiziert.«

Für die Kirlians war das eine elektrisierende Nachricht. Sorgfältig untersuchten sie das erkrankte Blatt. (Die Pflanze, von dem es stammte, ging einige Zeit später ein.) Die Kirlians erkannten allmählich, dass die Galaxien funkelnder Lichter, die sie auf ihren Hochfrequenzfotografien sahen, eine Art Energie-Gegenkörper des Blattes waren. Lange bevor sich die Krankheit physisch in der Pflanze manifestierte und pathologische Veränderungen sichtbar wurden, existierte sie bereits in diesem »Phantom-Körper« der Energie.

Die Institute schickten den Kirlians nun Hunderte von »grünen Patienten«, Blätter von Wein, Tabak, von Obstbäumen usw. In jedem Fall konnten die Kirlians feststellen, ob die Pflanze krank war oder nicht, indem sie die Energiekörper des Blattes mit Hochfrequenzfotos untersuchten.

Indem man eine Pflanzenkrankheit diagnostiziert, bevor sie tatsächlich eintritt, wird es möglich, den Krankheitsursachen entgegenzuwirken und so vielleicht wertvolle Ernten zu retten.* »Die Fotografie mit elektrischen Hochfrequenzfeldern erfordert zunächst einmal einen speziell konstruierten Hochfrequenz-Funkengenerator oder Oszillator, der 75000 bis 200000 elektrische Schwingungen in der Sekunde erzeugt. Der Generator kann mit verschiedenen Klemmen, Platten, optischen Instrumenten, Mikroskopen oder Elektronenmikroskopen verbunden werden. Der zu untersuchende Gegenstand (Finger, Blatt usw.) wird zusammen mit dem Fotoapparat zwischen die Klemmen eingeführt. Wenn der Generator eingeschaltet wird, entsteht zwischen den Klemmen ein Hochfrequenzfeld, das das Objekt augenscheinlich veranlasst, eine Art Biolumineszenz auf das Fotopapier auszustrahlen. Eine Kamera ist für diese Art des Fotografierens nicht nötig.

Ein von einem Baum gerissenes Blatt zeigte, wenn es in das

---

* Sheila Ostrander / Lynn Schroeder, *Psi*, Bern / München / Wien 1971, S. 185 f.

Feld eines Hochfrequenzstroms gelegt wurde, eine Myriade von Energiepunkten. Um die Ränder des Blattes waren türkisfarbene und rötliche Flammenmuster zu sehen, die aus spezifischen Kanälen des Blattes kamen. Ein menschlicher Finger, der in das Hochfrequenzfeld gebracht und »fotografiert« wurde, erschien im Bild wie eine komplizierte topographische Karte mit Linien, Punkten, Lichtkratern und Leuchtfeuern. Einige Teile des Fingers sahen wie eine von innen erleuchtete Kürbislaterne aus.«*

Immer wieder im Laufe der Geschichte wurde behauptet, dass der physische Leib aller Lebewesen von einer Art Energiefeld umgeben sei, der so genannten Aura. Diese »höhere« Körperdimension ließ sich nun sichtbar machen – eine späte Genugtuung für den russischen Wissenschaftler Alexander Gurwitsch, der in den dreißiger Jahren die Welt mit der Behauptung elektrisierte: »Alle lebenden Zellen produzieren eine unsichtbare Strahlung.« Gurwitsch konnte die Strahlung von lebenden Wesen nicht sehen, er konnte lediglich die Ergebnisse tabellarisieren. Niemand konnte recht verstehen, was Gurwitsch entdeckt hatte und wodurch die Intensität der so genannten mitogenetischen Strahlung verursacht wurde. Gurwitsch stellte eine Theorie biologischer Kraftfelder auf, aber sie wurde bald wieder vergessen.

Dann wandten die Kirlians die Hochfrequenzfotografie auf Pflanzen an, und jedermann konnte seltsame Strahlen und Lichtfelder aus den Pflanzen hervorschießen sehen. Heute überprüfen Biologen der Kirow-Universität von Kasachstan die Entdeckung Gurwitschs von neuem, denn: »Heute besteht eine neue Möglichkeit, die Ideen von Gurwitsch zu bestätigen, die auf der Annahme von biologischem Plasma als dem Medium beruhen, das die Kraft der Strahlungsfelder verstärkt.«**

Doch auch die Kirlians mussten lange auf die verdiente Wür-

---

* Ostrander / Schroeder, a. a. O., S. 183 f.
** Ostrander / Schroeder, a. a. O., S. 196.

digung warten. Der Moskauer Biophysiker Viktor Adamenko tat sich schließlich mit ihnen zusammen und verfasste mit ihnen gemeinsam einen Aufsatz über die Erforschung biologischer Objekte in elektrischen Hochfrequenzfeldern, in dem er auf die enormen Schwierigkeiten hinwies, die mit der Erforschung des Spektrums der »Elektrobiolumineszenz« verbunden sind. Aber wenn diese überwunden seien, »werden wir wichtige Informationen über bioenergetische Prozesse im lebenden Organismus erhalten«.

»1968 gaben Dr. W. Injuschin, Dr. V. Grischtschenko, Dr. N. Worobew, Dr. N. Schuiskij, Dr. N. Fedorowa und Dr. F. Gibadulin ihre Entdeckung bekannt: Alle lebenden Wesen – Pflanzen, Tiere und Menschen – haben nicht nur einen physischen Körper, der aus Atomen und Molekülen besteht, sondern auch einen Gegenstück-Energiekörper. Sie nannten ihn den ›biologischen Plasmakörper‹.

In einer wissenschaftlichen Studie mit dem Titel *Die biologische Essenz des Kirlian-Effekts*, veröffentlicht von der Staatsuniversität von Kasachstan, beschrieben sie ihre Forschung am lebenden ›Energiekörper‹: ›Die auf den Kirlian-Bildern sichtbare Lumineszenz wird durch das Bioplasma und nicht durch den elektrischen Zustand des Organismus verursacht‹. Eine der bemerkenswertesten Eigenarten dieses vibrierenden, farbigen Energiekörpers in allen Lebewesen bestehe darin, dass er ›eine spezifische räumliche Organisation besitzt‹. Er hat Gestalt. Innerhalb des Energiekörpers haben alle Vorgänge ihre spezifische Bewegung, die der Energie in dem physischen Körper absolut unähnlich ist. Der Bioplasmakörper ist auch polarisiert.«*

1970 besuchte der bekannte amerikanische Psychiater Montague Ullman, Direktor der Abteilung für Psychiatrie am Maimonides Medical Center in New York City, Viktor Adamenko in Moskau.

Ullman erfuhr, dass Adamenko und andere russische Wissen-

---

* Ostrander / Schroeder, a. a. O., S. 196.

schaftler nicht nur feststellen können, dass sich das »Bioplasma« drastisch verändert, wenn es einem Magnetfeld unterworfen wird, sondern auch, dass es in Hunderten von Punkten im menschlichen Körper konzentriert ist, die den alten chinesischen Akupunkturstellen zu entsprechen scheinen. Die Chinesen haben bekanntlich siebenhundert Punkte auf dem menschlichen Körper »kartographiert«, die die Bahnen markieren, auf denen angeblich eine »Lebenskraft« oder »vitale Energie« zirkuliert. An diesen Stellen stechen die Chinesen lange Nadeln ein, um Unausgeglichenheit im Energiestrom zu regulieren und Krankheiten zu heilen.

Adamenko hat nun eine völlig neue und höchst ungewöhnliche Apparatur entwickelt, mit deren Hilfe man den Energiefluss im Körper registrieren kann, und zwar verwendet diese Maschine als Prüfpunkte für ihre Elektroden interessanterweise die Punkte für die Akupunkturbehandlung der traditionellen chinesischen Medizin.

Adamenko zögert noch, den Kirlian-Effekt einem Bioplasmakörper zuzuschreiben, weil er meint, dass dafür noch keine greifbaren Beweise vorlägen. Er zieht es vor, die sichtbaren Emanationen als »eine Feldemission von Elektronen aus lebenden Objekten in die Atmosphäre« zu definieren.

In den Vereinigten Staaten wird diese »Feldemission« allgemein mit *corona discharge* (Koronaentladung, Sprühentladung) bezeichnet. Es handelt sich dabei um eine besondere Form der Gasentladung. Indem man dem Phänomen jedoch einen akademischen Namen gibt, hat man weder sein Wesen noch seine Funktion erklärt.

Besonders interessierte Ullman, der damals auch Präsident der ASPR (American Society für Psychical Research) war, die Entdeckung von Anatoli Podschibjakin, einem Elektrophysiologen aus Kiew, dass das Bioplasma *unmittelbar und sofort* auf Veränderungen der Sonnenoberfläche reagiert, obwohl die von der Sonne ausgestoßenen kosmischen Teilchen etwa zwei Tage brauchen, um die Erde zu erreichen. Der Bioplasmakörper könnte also in direkter Resonanz zum kosmischen Geschehen den physischen Leib beeinflussen.

Ein anderer amerikanischer Parapsychologe, Dr. Stanley Krippner, Direktor des »Traumlaboratoriums« am Maimonides Hospital in New York, reiste im Sommer 1971 in die Sowjetunion. In seinem Laboratorium waren Bilder auf telepathischem Wege erfolgreich auf schlafende Versuchspersonen übertragen worden, deren Träume diese Bilder wiederspiegelten. In Moskau wurde Krippner als erster Amerikaner eingeladen, am Institut für Psychologie der Pädagogischen Hochschule einen Vortrag über Parapsychologie zu halten. Es waren etwa zweihundert Psychiater, Physiker, Ingenieure, Raumwissenschaftler und zukünftige Kosmonauten anwesend.

Nachdem auch in Amerika das Interesse für die Kirlian-Fotografie zu wachsen begann, sicherte sich Stanley Krippner die Unterstützung von einigen Finanzleuten und organisierte die erste westliche Konferenz über Kirlian-Fotografie und die menschliche Aura. Sie fand im Frühjahr 1972 im United Engineering Center in Manhattan statt und fand das Interesse vieler Ärzte, Psychiater, Psychoanalytiker, Psychologen, Biologen, Ingenieure und Fotografen.

Eine der Ersten, die in Amerika tatsächlich Kirlian-Bilder machte, war Thelma Moss, eine ehemalige Broadway-Schauspielerin, nunmehr Professorin am neuropsychiatrischen Institut der California-Universität in Los Angeles, die mit einem ihrer Studenten, Kendall Johnson, an diesem Projekt arbeitete. Mit ihrem Apparat konnten Moss und Johnson Farbaufnahmen von Blättern herstellen sowie von Münzen und Fingerspitzen, wie es auch die Sowjets getan hatten.

Während der Konferenz wurden aufregende Bilder von Moss und Johnson gezeigt, auf denen ein Blatt bevor und nachdem man es gestochen hatte, abgebildet war. Auf dem Kirlian-Bild zeigte das verwundete Blatt im Zentrum einen großen blutroten Fleck von Energiestrahlung, während es vor dem Stich ein helles

Azurblau mit einer fein-rosa Schattierung aufwies. Die Blatt-Abbildungen variierten je nach Aufnahmegröße. Daraus folgerte Moss: »Bei jeder Frequenz, mit der wir eine Aufnahme machen, wird ein bestimmter Aspekt des Materials erfasst, so dass immer nur Teilinformationen – entsprechend der Frequenz – vermittelt werden.« Aber auch bei gleicher Aufnahmetechnik veränderten sich die Bilder der Fingerspitzen von Moss und Johnson von Tag zu Tag, ja, von Stunde zu Stunde. Es scheint, dass die Ausstrahlungen der Fingerspitzen auf geheimnisvolle Weise mit den Stimmungsschwankungen des einzelnen zusammenhängen.

William A. Tiller, Leiter des Material Science Department an der Stanford-Universität in Palo Alto, Kalifornien, stellte die Hypothese auf, dass die Strahlung oder Energie, die einem Blatt oder einer Fingerspitze entströmt, tatsächlich von dem Etwas stammen könnte, das schon da ist, bevor sich die feste Materie bildet. Dieses Etwas, sagt Tiller, »könnte ein anderes Substanzniveau sein, das ein Hologramm bildet – ein zusammenhängendes Energiemuster eines Blattes, das ein Kraftfeld darstellt-, innerhalb dessen sich die Materie zu dieser Art von physikalischem Netzwerk (dem Blatt) organisiert«.

Tiller meint, dass das formbildende Hologramm auch vorhanden bliebe, wenn man einen Teil des physischen Netzwerks wegschnitte. Und genau das scheinen die Sowjets im Bild festgehalten zu haben: Ein Foto im *Journal of Paraphysics* zeigt eine russische Kirlian-Fotografie eines Blattes, von dem man vorher ein Stück abgeschnitten hatte. Doch da, wo normalerweise *nichts* mehr sein durfte, zeichneten sich auf dieser Abbildung die Umrisse des fehlenden Blattstückes ab.

Am Human Dimension Institute des Rosary Hill College in Buffalo, New York, lehrt Schwester M. Justa Smith, eine katholische Nonne und Biochemikerin. Sie hatte ihre Doktorarbeit über die Beeinflussung der Enzymaktivität geschrieben und dabei festgestellt, dass magnetische Felder die Enzymaktivität erhöhen, ultraviolettes Licht sie jedoch vermindert. Sie fragte sich nun, ob nicht die Erfolge von Heilern auch über die Beeinflussung der Enzymaktivität zustande kommen könnten. Sie fand einen Heiler, der zur Mitarbeit bereit war, und konnte zeigen, dass, wenn er sich in einem »optimalen Gemütszustand« befand, die von seinen Händen ausgehende Energie das Pankreas-Enzym Trypsin so stark aktivieren konnte, wie das bei ihren Versuchen sonst nur durch ein Magnetfeld von 8000 bis 13000 Gauß geschehen war. (Der Mensch lebt normalerweise in einem Magnetfeld von 0,5 Gauß.) Schwester Justa setzt ihre Versuche fort.

Die Geheimnisse um den Magnetismus, seinen Einfluss auf lebende Systeme und seine Beziehungen zur »Aura-Energie« beginnen eben erst entschleiert zu werden. Vor wenigen Jahren haben zum Beispiel Wissenschaftler entdeckt, dass Schlangen außerordentlich schwache Magnetfelder und deren Richtung wahrnehmen können.

Jan Merta, der mit seiner »Aura-Energie« nicht nur die Wünschelrute in den Händen eines Arztes gegen dessen Willen ausschlagen lassen konnte, sondern auch die magnetischen Bestandteile eines Videorecorders so störte, dass die Aufnahme einer besonders wichtigen Sequenz gelöscht wurde, hat seine eigenen Theorien über die Aura und den Magnetismus. Er behauptet zum Beispiel, Magnetfelder können den Lernprozess beeinflussen. Dazu machte er folgenden Versuch: Er setzte je zehn Mäuse in drei durchsichtige Plastikbehälter. Die einen setzte er dem Nordpol, die zweiten dem Südpol eines Stabmagneten mit einer Feldstärke von fünf bis zehn Gauß aus, die dritten ließ er, als Kontrollgruppe, ohne spezielles Magnetfeld. Anhand einer klug ersonnenen Lernmaschine gelang es Merta zu beweisen, dass die Mäuse, die unter dem Einfluss eines Magnetfeldes standen, nicht nur aktiver waren als die nichtmagnetisierten, sondern irgendwie auch rascher lernen konnten.

Es mag sein, dass die Kirlian-Fotografie eine Möglichkeit bietet, die verborgenen Zusammenhänge und Wechselwirkungen der verschiedenen Energiefelder und Strahlungen zu objektivieren.

Professor Tiller ist jedenfalls der Ansicht, dass die Stärke der russischen Forschungen darin liegt, dass sie uns Apparaturen an die Hand gegeben hat, mit deren Hilfe wir beginnen können, ursächliche Zusammenhänge zwischen psychoenergetischen Phänomenen und Messgrößen aufzuzeigen, die auch für das logisch-wissenschaftliche Denken als Beweise annehmbar sind.

Die erste Kirlian-Konferenz war ein derartiger Erfolg, dass im Februar 1973 in New York ein zweites Treffen abgehalten wurde. Dabei fiel der Vortrag von Dr. John Pierrakos, einem in Griechenland geborenen Psychiater, besonders auf. Er vermag mit bloßem Auge die Aura von Pflanze, Tier und Mensch wahrzunehmen, wie er anhand detaillierter Zeichnungen vorführte. Pierrakos ist wahrscheinlich der erste Arzt, der öffentlich zugibt, dass ihm die Wahrnehmung der Aura bei seinen Diagnosen eine Hilfe ist, obwohl sich wahrscheinlich eine ganze Reihe von Ärzten dieses Mittels bedient, wie Dr. med. Shafica Karagulla 1967 in ihrem Buch *Breakthrough to Creativity* (»Durchbruch zur Kreativität«) berichtete.

»Wenn ich das Energiefeld, das einen Körper umgibt, beobachte, erhalte ich einen Eindruck davon, was im Körper geschieht – so wie der Dampf von kochendem Wasser, wenn man ihn richtig beobachtet, etwas über die Natur des Wassers aussagt«, erklärte Pierrakos.

Ein Forscherteam von Physikern und Elektronikspezialisten ist nun dabei, Pierrakos' »mediale« Wahrnehmungen zu objektivieren. Mit einer empfindlichen Fotovervielfacher-Röhre versuchen sie, die Photonen bzw. die Lichtenergie des »ätherischen« Feldes um den Körper zu messen. In ihrem vorläufigen Bericht heißt es, dass die bisherigen Untersuchungen stark darauf hindeuteten, dass Menschen ein merkwürdiges Feld ausstrahlen, auf das die Röhre anspricht, dessen Eigenschaften aber noch analysiert und erklärt werden müssen.

Sollte es gelingen, mit Hilfe der Kirlian-Fotografie den Geheimnissen dieser Energiefelder auf die Spur zu kommen, würde der

Mensch nicht nur manches bisher Unbekannte über sich selbst erfahren, er könnte auch ein ganz neues Verhältnis zur Natur gewinnen.

Überall gibt es Anzeichen dafür, dass die Natur sich dagegen auflehnt, ständig vom Menschen vergewaltigt zu werden. Wenn diese Entwicklung so weitergeht, könnte ihr Opfer, der Erdboden, sterben – und mit ihm alles, was er ernährt.

10

Wer das Unkraut nicht ehrt …

In den Jahrtausenden bevor der Mensch den Boden bebaute, sammelte sich Humus an, stets neu »gedüngt« durch die absterbende und faulende Vegetation. Als der Mensch dann begann, Ernten einzubringen, sorgte er dafür, dass der Humus, der ja reich ist an Stickstoff und anderen Elementen, von denen das Pflanzenwachstum abhängt, in Form von tierischen Abfällen – vor allem durch Stallmist – wieder ersetzt wurde. In vielen Ländern des Fernen Ostens werden auch die Exkremente des Menschen als Düngemittel verwendet.

Joe Nichols, ein Arzt und Chirurg, der die Natural Food Associates in Atlanta, Texas, gegründet hat, berichtete, eine Überprüfung von landwirtschaftlichen Betrieben im Mittleren Westen habe ergeben, dass die dort wachsenden Maispflanzen derart intensiv mit künstlichem Stickstoff gedüngt worden seien, dass sie Karotin nicht mehr in Vitamin A hätten umwandeln können und das daraus hergestellte Viehfutter einen zu geringen Gehalt an Vitamin D und E aufgewiesen habe. Das Vieh nahm nicht zu, und es stellte sich nur noch wenig Nachwuchs ein, so dass die Bauern einen beträchtlichen Verlust erlitten. Der Stickstoffgehalt der Ernte war zum Teil so hoch, dass die Silos, in denen der Mais verarbeitet und gelagert wurde, explodierten, und der Saft, der dabei ausfloss, jede Kuh, Ente oder Henne, die das Pech hatte, davon zu trinken, tötete. Aber auch wenn die Silos nicht barsten, war der zu stickstoffhaltige Mais höchst gefährlich, da er tödliche Stickstoffoxid-Dämpfe verströmte.

Dr. William Albrecht, Professor für Agrikultur an der Universität von Missouri, der schon vor über einem Vierteljahrhundert darauf aufmerksam zu machen versuchte, wie wichtig ein gesunder Boden für Pflanzen, Tiere und Menschen sei, stellte fest, dass in Bezug auf die Beurteilung von Futter Kühe gescheiter sind als Menschen. Mag das Grünfutter noch so saftig und gesund aussehen – sobald es eine Überdosis künstlichen Stickstoffs abbekommen hat, wird es die Kuh stehen lassen und das Gras ringsum kürzer und kürzer abweiden. »Obwohl die Kuh die Futtergewächse weder dem Gattungsnamen nach unterscheiden kann noch nach dem Ertragsgewicht pro Morgen, ist sie ein besserer Experte als jeder Biochemiker, wenn es darum geht, ihren Nährwert zu erkennen.«

Albrechts jahrelange Studien erregten das Interesse von Dr. André Voisin, dem Studiendirektor der nationalfranzösischen Veterinärschule in Alfort bei Paris. 1959 veröffentlichte Voisin ein Buch über dieses Thema: *Boden und Pflanze. Schicksal für Mensch und Tier.*

Voisins Erkenntnis, dass Pflanzen und Tiere innig mit dem Boden verbunden sind, auf dem sie geboren werden, wurde höchst anschaulich bestätigt, als er bei einem Besuch in der Ukraine feststellte, dass die riesigen Kaltblut-Apfelschimmel aus der südlichen Normandie sich in der ungewohnten Umgebung innerhalb weniger Generationen zur Größe von Kosakenpferden »herunterentwickelt« hatten, obwohl man sie reinblütig erhalten hatte. Die Proportionen waren noch die gleichen, nur eben kleiner. Dies Beispiel sollte uns daran erinnern, meint Voisin, dass alles Lebendige ein biochemisches Abbild seiner Umwelt ist. Unsere Vorfahren waren sich sehr wohl der Tatsache bewusst, dass es nur der Erdenstaub ist, der letztlich Lebenskraft und Gesundheit bestimmt.

Indem Voisin seine Theorie, dass der Boden die Entwicklung von Pflanze, Tier und Mensch entscheidend beeinflusst, weiterentwickelte, konfrontierte er seine Leser mit einigen faszinierenden Daten, die zeigen, dass es die Pflanzen und Tiere selbst sind und nicht die Chemiker in den Laboratorien, die in letzter

Instanz die Ackerbaumethoden am besten beurteilen können. Voisin brachte auch eine Reihe von Beispielen, die beweisen, dass eine chemische Analyse von Nahrungsmitteln, Pflanzen und Ackerböden allein völlig ungenügend ist, um ihren wesentlichen Gehalt zu erfassen. Voisin beruft sich dabei auf den Nobelpreisträger für Chemie aus dem Jahre 1952, R. L. M. Synge, der es für eine Anmaßung hielt, nur aufgrund gewisser Tests in Bezug auf den Stickstoffgehalt schon den wahren Nährwert von Viehfutter oder Menschennahrung bestimmen zu wollen.

Albert Howard, ein junger Mykologe und Dozent für Agrikultur am Imperial Department of Agriculture auf Barbados, einer Insel der kleinen Antillen, der sich auf die Pilzerkrankungen von Zuckerrohr spezialisiert hatte, kam schon um die Jahrhundertwende zu dem Schluss, dass die wahre Ursache für Pflanzerkrankungen niemals entdeckt werden könne, solange die Forscher sich in ihren Laboratorien und in Gewächshäusern voller Blumentöpfe einschlössen. Er drückte das so aus: »Auf Barbados war ich ein Eremit im Labor, ein Spezialist unter Spezialisten, darauf erpicht, mehr und mehr über weniger und weniger zu erfahren.« Es gehörte aber auch zu seinen Aufgaben, die »Inseln über und unter dem Wind« zu besuchen und die Leute beim Anbau von Kakao, dem besonders feinen Stärkemehl »arrow-root« (*Maranta, arundinacea*, Pfeilwurz), Erdnüssen, Bananen, Zitrusfrüchten, Muskatnuss und einer Menge anderer Pflanzen zu beraten. Dabei merkte Howard, dass er von den Menschen, die in lebendigem Kontakt mit dem Boden standen, mehr lernte als früher im Botanikunterricht.

Er entdeckte eine grundlegende Schwäche der üblichen Forschungsmethoden. »Ich untersuchte zwar die Erkrankungen der Pflanzen«, schrieb er, »aber ich selbst hatte keine Felder, auf denen ich die Wirksamkeit der von mir empfohlenen Heilmittel erproben konnte. Es wurde mir klar, dass eine große Kluft bestand zwischen der Theorie im Laboratorium und der Praxis auf dem Feld.«

Als Howard 1905 zum Reichsbotaniker der Indischen Regierung berufen wurde, kam seine erste große Chance, Theorie und Praxis miteinander zu verbinden. In der Stadt Pusa in Bengalen, wo die landwirtschaftliche Forschungsstation von Lord Curzon, dem damaligen Vizekönig von Indien, gegründet werden sollte, versuchte Howard, auf einem fünfundsiebzig Morgen großen Gelände so gesunde Pflanzen zu züchten, dass sie, um Erkrankungen zu widerstehen, nicht mit Giftstoffen gespritzt werden müssten. Als seine Lehrmeister wählte er sich nicht gelehrte Pflanzenpathologen, sondern die Eingeborenen jener Gegend. Er hielt die Gelegenheit, eine umfassende Untersuchung der indischen Ackerbaumethoden anzustellen, für günstig, da die um Pusa herum angebauten Felder bemerkenswert frei von Pflanzenseuchen waren. Und seine Vermutung bestätigte sich rasch, wie er selber sagte.

Die Inder verwendeten keine Schädlingsbekämpfungsmittel und keinen künstlichen Dünger, sondern sie führten sorgfältig aufbewahrte Abfälle von Tieren und Pflanzen wieder der Erde zu. Howard wandte ebenfalls diese Methode an und war so erfolgreich, dass er bis zum Jahre 1919 gelernt hatte, »ohne die geringste Hilfe von Mykologen, Entomologen, Bakteriologen, Landwirtschaftschemikern, Statistikern, Informationssammel- und -austauschstellen, künstlichem Dünger, Zerstäubermaschinen, Insektiziden und all dem anderen teuren Drum und Dran der modernen Versuchsstation Felder zu bebauen, die praktisch frei von jeglichem Krankheitsbefall waren.«

Außerdem war Howard erstaunt, dass seine Herde von Arbeitsochsen nie von Maul- und Klauenseuche befallen wurde, solange sie nur von den Produkten *seines* Bodens ernährt wurden, während solche Krankheiten die Herden moderner Versuchsfarmen häufig heimsuchten. »Keines meiner Tiere wurde je abgesondert«, schrieb er, »keines wurde geimpft. Sie kamen häufig mit erkranktem Vieh zusammen: Weil mein kleiner Bauernhof in Pusa nur durch eine niedrige Hecke von einer der großen Viehweiden abgetrennt war, auf denen häufig die Maul- und

Klauenseuche ausbrach, sah ich öfters, wie meine Ochsen ihre Nasen an denen von erkrankten Tieren rieben. Nichts geschah. Die gesunden, wohlgenährten Tiere reagierten auf diese Krankheit ebenso wenig wie meine Felder auf Insekten- oder Pilzbefall der umliegenden Ländereien reagierten – es fand keine Ansteckung statt.«

Angespornt durch seine Erfolge trieb Howard das nötige Geld auf, um ein neues Zentrum zu gründen, das Institute of Plant Industry in Indore, etwa fünf Kilometer nordöstlich von Bombay. Dort genoss Howard völlige Handlungsfreiheit. Um Baumwolle, das wichtigste in jener Gegend industriell angepflanzte Gewächs, erfolgreich zu züchten, ist in erster Linie eine gute Düngung nötig, und so war Howard in seinem Element. Er entwickelte eine Kompostierungsmethode, die als »Indore-Verfahren« bekannt wurde. Schon nach kurzer Zeit erbrachten seine Baumwollfelder nicht nur einen dreimal so hohen Ernteertrag wie die umliegenden Felder, sie waren auch bemerkenswert frei von Krankheitsbefall. Damit hatte er erneut den Beweis für die Richtigkeit seiner grundlegenden These geliefert: Gesunde Böden liefern gesunde Pflanzen.

Howard machte seine Entdeckungen in seinem Buch: *The Waste Products of Agriculture: Their Utilization as Humus* (»Die Abfallprodukte der Landwirtschaft und ihre Verwendung als Humus«) der breiten Öffentlichkeit bekannt, und überall in der Welt erhielt sein Werk positive, ja, begeisterte Besprechungen. Aber die Fachleute, die in Versuchsstationen im ganzen britischen Königreich an Problemen der Baumwollzucht arbeiteten, reagierten feindselig. Howard hatte an die unantastbaren Glaubenssätze gerührt, dass eine Verbesserung der Baumwollernte in Quantität und Qualität alleine durch neue Züchtungen zu erreichen sei, und dass man Krankheiten ausschließlich durch direktes Eingreifen mit Pestiziden bekämpfen könne.

Außerdem – wie konnte man im Ernst daran denken, sieben Jahre darauf zu verschwenden, den Boden wieder in »guten Zustand« zurückzuversetzen? Man müsste die chemischen Dünger aufgeben und dafür den langwierigen Prozess der Gewinnung von Indore-Kompost einleiten, der aus einer Mischung von faulenden Tier- und Pflanzenabfällen im Verhältnis drei zu eins bestand. Howard wusste genau, welche Bedrohung seine Ideen für die etablierte Ordnung bedeuteten: »Die Kompostherstellung in großem Maßstab könnte sich als revolutionär erweisen und als eine ernste Gefahr für die Struktur, ja, vielleicht für die Existenz einer Forschungsorganisation, die sich darauf stützt, Teilerkenntnisse verschiedener Wissenschaftszweige einzeln auf ein so komplexes und vielseitiges biologisches Problem anzuwenden, wie es die Produktion von Baumwolle ist.«

Andere Forscher verhielten sich ebenso ablehnend wie die Baumwollspezialisten, und sie wurden nachdrücklich unterstützt von den mächtigen Vertretern der aufstrebenden Kunstdünger- und Schädlingsbekämpfungs-Industrie.

1935 kehrte Howard nach England zurück. Aber auch hier wurde er angegriffen, ja, sogar ausgelacht. Howard war erstaunt über die von keinerlei Erfahrung und Sachverstand getrübte Naivität der einseitig spezialisierten »Fachleute«.

Trotz aller Angriffe vonseiten der »Kollegen« wurde Howard für seine Verdienste von der britischen Krone geadelt. Doch nur einige wenige Einsichtige machten sich daran, seinem Beispiel zu folgen.

So fühlte sich zum Beispiel Friend Sykes, ein englischer Bauer und Rassepferdezüchter, von Howards Ideen angesprochen. Er kaufte dreihundert Hektar verlassenes Ackerland in Wiltshire, etwa dreihundert Meter hoch liegend, dessen Boden schon völlig ausgelaugt war. Als früherer Landwirtschaftsberater wusste er, dass spezialisierte Farmen, auf denen nur ganz bestimmte Pflanzen oder nur eine Tierart gezogen werden, unweigerlich mit Krankheit bei Pflanze bzw. Tier rechnen mussten. Er erkannte, dass der Ausbruch solcher Krankheiten bei Pflanzen völlig verhindert werden konnte, wenn man zu einer Mischbebauung überging.

Sykes wusste intuitiv, dass der Ackerboden eine »latente Fertilität« besitzt, die sich ohne jede Düngung, einfach durch entsprechende Behandlung, aktivieren lässt. Das klang schon ziemlich phantastisch. Sykes ließ, den Boden eines zehn Hektar großen Feldes analysieren. Der Bericht des Laboratoriums stellte schwere Defizite an Kalk, Phosphat und Kalium fest und teilte ihm gleich mit, welche künstlichen Dünger den Bodenzustand verbessern könnten.

Sykes kümmerte sich nicht um den guten Ratschlag, pflügte und eggte seine Felder und säte – ohne irgendeinen Dünger zu verwenden – Hafer.

Zum Erstaunen seiner Nachbarn brachte er eine reiche Hafernte ein und danach eine ebenso gute Weizenernte. Nachdem er den Boden den folgenden Sommer über wieder bebaut hatte, schickte er erneut eine Probe davon an das Laboratorium. Der Befund ergab lediglich noch einen Phosphormangel, Kalk- und Kaliumgehalt waren wieder völlig normal. Entgegen der einmütigen Ansicht der Experten, dass Getreide keinesfalls erfolgreich angebaut werden kann ohne reichliche Phosphorgaben, pflügte Sykes lediglich sein Feld gut durch und brachte eine noch größere Ernte ein als beim ersten Mal. Das intensive Pflügen, auch in den tieferen Schichten, lockert die sonst nutzlos zusammengeballte Erde. Sykes' Weizen, unter den er noch Lolch und Klee gesät hatte, ergab zweieinhalb Tonnen Heu pro Morgen Land bei einem Schnitt des folgenden Jahres. Sykes pflügte seinen Boden daraufhin noch mal, pflanzte Hafer an und wurde mit einer reichen Ernte belohnt. Eine dritte Laboranalyse des Bodens zeigte, dass alle Mängel behoben waren.

Ein weiterer großer Vorteil des natürlichen Ackerbaus, den die Bauern früherer Tage noch gut kannten, der aber in der heutigen hochspezialisierten Monokultur-Landwirtschaft in Vergessenheit geriet, besteht in der positiven Auswirkung der Symbiose bestimmter Pflanzen.

Der amerikanische Botanikprofessor Dr. Joseph A. Cocannouer, der zu der Zeit, als Sir Albert Howard in Indien tätig war, das Institut für Acker- und Gartenbau an der Universität der Philippinen leitete und in der Provinz Cavite eine große Forschungsstation eingerichtet hatte, stellte die These auf, dass Pflanzen, die man gewöhnlich für schädlich oder unnütz hält, wie zum Beispiel Kreuzkraut, Gänsefuß, Portulak und Nesseln, weit davon entfernt sind, Schaden anzurichten, sondern im Gegenteil Mineralstoffe aus den unteren Schichten des Bodens holen, vor allem solche, die in der Humusschicht schon verbraucht sind. Unkraut ist also ein ausgezeichneter Indikator für die Bodenbeschaffenheit. Es hilft den angebauten Pflanzen mit ihren Wurzeln zu Nährstoffen zu gelangen, die sie sonst nie erreichen würden.

Cocannouer schrieb über das »Gesetz des Zusammenwirkens aller Dinge« und machte warnend darauf aufmerksam, dass die gesamte Welt-Landwirtschaft auf dem besten Wege sei, dieses grundlegende Gesetz außer Acht zu lassen: »In Amerika sind wir dabei, mit unseren hektischen Anstrengungen, aus den hohen Preisen für Agrarprodukte Nutzen zu ziehen, unsere Böden auszulaugen, anstatt sie zu bebauen.« Das gleiche gelte auch in zunehmendem Maße für Europa, fügte er hinzu, wo seit dem Zweiten Weltkrieg nur noch wenige Bauern in dieser Hinsicht vernünftig wirtschafteten.

Doch die Frage der richtigen Bebauung der Felder und der Pflege der Pflanzen ist auch wichtig für unsere Gesundheit, und der Ruf nach »natürlicher Nahrung« erklingt heutzutage wieder lauter denn je – und nicht nur von verschrobenen Gesundheitsaposteln.

Aber was ist das eigentlich, »natürliche Nahrung«? Was heißt das denn, »gesunder Boden«?

Was wir gegessen haben, wird verdaut, und die Nährstoffe gelangen ins Blut, das sie den verschiedenen Körperzellen zuführt. Die Zellen vollbringen den Stoffwechsel, das heißt, sie bauen aus stabilen und unbelebten Stoffen komplexe und instabile belebte Materie auf, das Protoplasma. Die Zelle besitzt eine erstaunliche Regenerationsfähigkeit, wenn ihr die notwendigen Stoffe zugeführt werden, was wiederum eine gesunde Ernährung voraussetzt. Dazu gehören auch die Vitamine, die zwar selbst keine Nährstoffe sind, aber ohne die der Körper die Nährstoffe nicht richtig verwerten kann. Sie müssen dem Körper in einem ausgewogenen Verhältnis zugeführt werden – und außerdem sollten sie »natürlich« sein.

Es besteht ein großer Unterschied zwischen natürlichen und künstlichen Vitaminen; sie sind zwar nicht chemisch verschieden, aber biologisch. Den künstlichen Vitaminen fehlt etwas, das von biologischem oder »vitalem« Wert ist. Diese Tatsache ist zwar noch nicht allgemein anerkannt, wurde aber von Dr. Ehrenfried Pfeiffer eindeutig nachgewiesen. Pfeiffer ist Biochemiker und ein Anhänger der Lehren Rudolf Steiners. Joe Nichols meint, dass Pfeiffers Methoden die Hintergründe der Tatsachen aufdecken könnten, dass natürliche Nahrungsmittel oder solche, die natürliche Vitamine, Mineralstoffe und Enzyme enthalten, denjenigen überlegen sind, die mit Chemikalien gedüngt, konserviert oder behandelt wurden.

Pfeiffer, ein gebürtiger Schweizer, forschte auf Anregung Rudolf Steiners nach einem Reagens, um das, was Steiner die »gestaltbildenden ätherischen Kräfte« nannte, in der lebenden Materie aufzuspüren. Nach zahlreichen Versuchen entdeckte Pfeiffer, dass sich, wenn er einer Kupferchloridlösung Pflanzenextrakt beimischte und diese Mischung langsam im Laufe von vierzehn bis siebzehn Stunden verdunsten ließ, ein Kristallisationsmuster bildete, das nicht nur von der *Art* der Pflanze, sondern auch von ihrer *Qualität* bestimmt wurde. Laut Pfeiffer bewirken das die »Bildekräfte« – die der Pflanze innewohnen und auch deren Gestalt bedingen –, indem sie sich mit den lebendigen Wachstumskräften vereinen, um die Anordnung der Kristalle zu lenken.

Nach Ausbruch des Zweiten Weltkriegs kam Pfeiffer nach Amerika und ließ sich auf der Three-Fold Farm in Spring Valley, New York, nieder. Er arbeitete Steiners »biodynamisches« System aus, stellte nach dieser Methode Kompost her und bearbeitete den Boden. Auch richtete er ein Laboratorium ein, um lebende Objekte untersuchen zu können, ohne sie in ihre chemischen Bestandteile zu zerlegen.

Dr. Erica Sabarth, die jetzige Leiterin des Laboratoriums, zeigte den Autoren wundervolle Kristallisationen, die wie exotische Tiefseekorallen aussahen. Sie wies darauf hin, dass eine kräftige, gesunde Pflanze eine schöne, harmonische und klar geformte Kristallordnung hervorbringt. Der gleiche Kristallisationsvorgang mit dem Extrakt einer geschwächten oder kranken Pflanze ergibt ein ungleichmäßiges Bild mit Verdickungen oder Krustenbildung.

Mit Hilfe der Pfeifferschen Chromatogramme gelang es auch, die Vor- und Nachteile bestimmter Pflanzensymbiosen aufzuzeigen. Sabarth konnte den wissenschaftlichen Beweis erbringen, dass gewisse Pflanzen, zum Beispiel Bohnen und Gurken, besser wachsen, wenn sie zusammengepflanzt werden, und dass andere, wie Bohnen und Fenchel, schlecht miteinander auszukommen scheinen. Und weiter, dass die gemeinsame Lagerung von manchen Gemüsen oder Früchten, wie etwa Äpfeln und Kartoffeln, beide auf geheimnisvolle Weise ihrer vitalsten Eigenschaften beraubt.

Pfeiffer kam zu der Erkenntnis, dass es lediglich unser egoistischer Menschenstandpunkt ist, der uns bestimmte Pflanzen als »Unkraut« deklarieren lässt, und dass wir, wenn wir sie als sinnvollen Teil der Natur betrachten wollten, manches von ihnen lernen könnten. Pfeiffer bewies, dass das Auftreten einer ganzen Gruppe von Unkraut, darunter Schachtelhalm, Ampfer und Sauerklee, ein sicherer Indikator für eine beginnende Übersäuerung des Bodens ist. Löwenzahn, der von Rasenbesitzern meist sofort ausgegraben wird, trägt in Wirklichkeit zur Gesundung des Bodens bei, indem er Mineralstoffe, besonders Kalzium, aus tieferen Erdschichten emportransportiert. Der Löwenzahn ist demnach ein Zeichen für den Rasenbesitzer, dass etwas mit seinem Boden nicht stimmt.

Versuche zur Pflanzensymbiose, die Pfeiffer durchführte, ließen erkennen, dass Feldkamille Wachstum und Ertrag der Weizenähren irgendwie günstig beeinflusst, aber nur, wenn auf hundert Weizenhalme eine Feldkamille kommt.

In der Pyramide des Lebendigen spielen die Pflanzen eine wesentliche Rolle, weil der Mensch lebenswichtige Nährstoffe dem Boden nicht direkt entziehen kann, sondern dabei auf die Vermittlung der Pflanzen angewiesen ist, zum Beispiel bei der Gewinnung der lebensnotwendigen Proteine.

Proteinherstellende Pflanzen benötigen eine ganze Menge von Elementen aus dem Boden: Stickstoff, Schwefel und Phosphor gehören zu den Bausteinen des Proteinmoleküls; auch Kalzium und Kalk sind nötig sowie Magnesium, Mangan, Bor, Kupfer, Zink, Molybdän und andere Elemente, wenn auch nur in so geringem Maße, dass man sie als »Spurenelemente« bezeichnet.

Wenn der Boden keine ausreichende Fertilität aufweist, nicht von Mikroorganismen wimmelt, kann der ganze Vorgang nicht richtig ablaufen. Um die Mikroorganismen zu erhalten, müssen große Mengen faulender organischer Substanzen dem Erdboden zugeführt werden, wie das zum Beispiel beim Waldboden ständig der Fall ist. Ein gesunder, natürlich gedüngter Erdboden, mit den richtigen Bakterien, Pilzen und Würmern, frei von chemischen Dünge- und Schädlingsbekämpfungsmitteln, bringt starke, gesunde Pflanzen hervor.

Das Endergebnis von chemischer Landwirtschaft, sagte Nichols, ist immer Krankheit: Zuerst für den Boden, dann für die Pflanzen und Tiere und schließlich für den Menschen. Aber es besteht noch Hoffnung, wenn wir das einsehen und beginnen, das Gift aus unserer Nahrungsmittelproduktion zu entfernen. Wir müssen lernen, die Natur zu bewahren, anstatt sie zu zerstören. Natürlicher Kompost muss den Kunstdünger ersetzen und den Boden wieder organisch beleben. Auf die Dauer wird sich das sogar finanziell auszahlen, weil vom Kunstdünger von Jahr zu Jahr mehr und mehr gebraucht wird, vom Naturdünger jedoch immer weniger und weniger.

Einer derjenigen, die die Zeichen der Zeit erkannt haben, ist Ernest Halbleib, der Besitzer von Halbleib's Orchard and Organic Farm in McNabb, Illinois. Er widerlegt die beinahe weltweite Oberzeugung, dass Apfelzüchter nicht ohne Chemikalien auskommen können. Halbleib erklärt, dass Ungeziefer nur im Obstgarten erscheint, um den Menschen auf begangene Irrtümer aufmerksam zu machen. Produzenten, die ihre Plantagen mit tödlichen Chemikalien einnebeln, müssen feststellen, dass da, wo vor zehn Jahren noch eine einmalige Anwendung genügte, heute während einer Saison mehrere Male »gespritzt« werden muss, weil die Schädlinge resistent geworden sind.

Glenn Graber aus Hartville, Ohio, ist einer jener Bauern, die trotz ihres Erfolgs mit dem organischen Ackerbau der Meinung sind, dass einige Vorkämpfer der biodynamischen Landwirtschaft zu puristisch aufträten, dass sie sich zu weit von den Interessen der Chemiker entfernt hätten. Die Chemiker wären möglicherweise bereit, ihre einseitige Betrachtungsweise aufzugeben, wenn man ihnen auf halbem Weg entgegenkäme. »Es ist jetzt allmählich Zeit, dass die beiden gegensätzlichen Lager zusammenkommen und miteinander darüber reden, was richtig und was falsch ist«, sagt Graber.

Dieser Ansicht ist auch Dr. John Whittaker, ein Tierarzt aus Springfield, Missouri, und Redakteur für Veterinärmedizin bei der Monatszeitschrift *Acres* USA. Er meint, in erste Linie müsse eine gemeinsame Grundlage geschaffen werden, auf der sich Befürworter des organischen Ackerbaus mit Bauern treffen können, die den Versprechungen der chemischen Industrie geglaubt haben. Die Chemiker müssen endlich einsehen, dass es sich bei der Natur-Bewegung nicht um eine kleine Gruppe älterer Fräuleins handelt, die in Geranientöpfen herumstochert. Andererseits kann man eine bestehende Technologie nicht einfach von einem Tag auf den andern »vergessen«, es muss ein Kompromiss gefunden werden. »Wir haben jeder vom andern zu lernen«, sagt Whittaker.

Verschiedene Gruppen, die sich darüber klargeworden sind, dass der Mensch, nachdem er sein Nest beschmutzt hat, es nun auch wieder reinigen müsse, haben Versuche mit ökologischen Anbautechniken eingeleitet, zum Beispiel das New Alchemy Institute, das eine ganze Reihe von Unternehmungen projektiert: Die »Neuen Alchemisten« sagen, sie hätten drei Ziele: »Das Land zu erneuern, die See zu schützen und die Hüter dieser Erde aufzuklären.«

11

Alchemie, Pendel und Radionik

Dem Alchemisten des Mittelalters, der stets davon träumte, ein Element in ein anderes umzuwandeln, und deshalb jahrhundertelang Zielscheibe boshafter Witze war, wird vielleicht heute eine gewisse Rechtfertigung zuteil – dank der Bemühungen lebender Pflanzen.

Im Jahre 1600 setzte ein flämischer Chemiker, Jan Baptista Helmont, ein junges Weidenbäumchen in einen Tontopf, den er mit hundert Kilo im Ofen getrockneter Erde gefüllt hatte. Fünf Jahre lang gab er dem Baum nichts anderes als Regen- oder destilliertes Wasser. Als Helmont den Baum aus dem Topf nahm und wog, stellte er fest, dass er zweiundachtzig Kilo schwerer war als vorher, während das Gewicht der Erde ungefähr konstant gelieben war. Helmont fragte sich, ob die Pflanze es tatsächlich fertig gebracht hatte, Wasser in Holz, Rinde und Wurzeln umzusetzen.

Den französischen Wissenschaftler Henri Spindler faszinierte die Beobachtung, dass der Riementang *(Laminaria)* offenbar imstande ist, Jod zu produzieren. Er wälzte daraufhin längst vergessene Botanikbücher und stieß dabei auf die Versuche eines deutschen Forschers namens Vogel, der Kressesamen in einer Saatschale gezogen hatte. Über die Samen stülpte er eine Glasglocke und begoss sie lediglich mit destilliertem Wasser. Einige Monate später, als Vogel die ausgewachsenen Pflanzen verbrannte, stellte er fest, dass sie zweimal so viel Schwefel enthielten wie ihre Samenkörner.

Als er sich eingehender mit der Materie befasste, entdeckte er das Werk des Barons Albrecht von Herzeele, der im Jahre 1873 ein Epoche machendes Werk veröffentlichte, *Der Ursprung anorganischer Substanzen*, in dem er den Beweis erbrachte, dass die lebenden Pflanzen dem Boden und der Luft nicht einfach Stoffe entziehen, sondern dass sie auch ständig neue Stoffe schaffen. Im Laufe seines Lebens machte von Herzeele Hunderte von Analysen, die darauf hindeuteten, dass in den Samen, die in destilliertem Wasser keimen, der ursprüngliche Gehalt an Kalium, Phosphor, Magnesium, Kalzium und Schwefel auf ganz unerklärliche Art und Weise stieg. Obwohl es ein physikalisches Gesetz ist, dass die in destilliertem Wasser gezogenen Pflanzen den gleichen Mineralgehalt aufweisen müssten, wie die Samen, aus denen sie keimen, erbrachte von Herzeeles Analyse den Beweis, dass nicht nur der Anteil an Mineralsalzen größer wurde, sondern dass auch alle anderen Komponenten der Pflanze, wie zum Beispiel Stickstoff, der während der Veraschung der Samen frei wurde, in vermehrtem Maße vorhanden waren.

Von Herzeele entdeckte auch, dass die Pflanzen die Fähigkeit zu besitzen scheinen, Phosphor in Schwefel, Kalzium in Phosphor, Magnesium in Kalzium, Kohlensäure in Magnesium und Stickstoff in Kalium umzuwandeln.

Offizielle akademische Kreise schwiegen von Herzeeles Schriften, die während der Jahre 1876 bis 1883 veröffentlicht wurden, einfach tot, da sie die Ansicht vertraten, dass biologische Phänomene nach den Gesetzen der Chemie atomistisch erklärt werden konnten. Nur die wenigsten Bücher von Herzeeles fanden einen Platz in den Bibliotheken.

Spindler machte einige seiner Kollegen auf von Herzeeles Experimente aufmerksam. Einer von ihnen war Professor Pierre Baranger, Leiter des Laboratoriums für organische Chemie an der berühmten École Polytechnique in Paris. Zur Überprüfung der Arbeiten von Herzeeles begann Baranger mit einer Reihe von Experimenten, die sich über einen Zeitraum von fast zehn Jahren erstreckten.

Diese Versuche bestätigten von Herzeeles Ergebnisse auf der

ganzen Linie und deuteten darauf hin, dass die Wissenschaft vor einer echten Revolution stand.

Als Baranger seine Entdeckungen im Januar 1958 der wissenschaftlichen Welt mitteilte und einer illustren Zuhörerschaft von Chemikern, Biologen, Physikern und Mathematikern am Institut Genevois in der Schweiz vortrug, sagte er ausdrücklich, dass eine Reihe seiner Hypothesen noch nicht in ausreichendem Maße durch Versuche abgesichert seien und eventuell aufgrund weiterer Analysen modifiziert werden müssten.

In einem Interview für *Science et Vie* im Jahre 1959 wurde Baranger deutlicher. »Meine Ergebnisse sehen unmöglich aus«, erklärte er, »aber sie liegen nun einmal vor. Ich habe alle Vorsichtsmaßnahmen getroffen. Ich habe meine Versuche x-mal wiederholt. Ich habe Jahre hindurch Tausende von Analysen gemacht. Ich habe die Ergebnisse von Dritten verifizieren lassen, die nicht wussten, worauf ich hinauswollte. Ich bin mit verschiedenen Methoden an die Sache herangegangen. Ich habe meine Experimentatoren gewechselt. Doch es gibt nichts daran zu rütteln; wir müssen uns der Tatsache beugen: Die Pflanzen kennen das alte Geheimnis der Alchemisten. *Vor unseren Augen wandeln sie tagtäglich Elemente um.*«

Diese Erklärung kannte Pfeiffer noch nicht, als er die Asche von Gänseblümchen analysierte und feststellte, dass sie einen hohen Gehalt an Kalzium, dem wichtigsten Bestandteil des Kalks, aufwiesen – auch dann, wenn sie auf kalkfreiem Boden wuchsen –, sofern nur genügend Silicium sowie Mikroorganismen vorhanden waren. Pfeiffer kam zu dem Schluss, dass sich auf einem Boden, der zu wenig kalkhaltig ist, siliciumliebende Pflanzen, wie zum Beispiel Gänseblümchen, ansiedeln, die nach ihrem Absterben dem Boden den fehlenden Kalk zuführen.

Bis zum Jahre 1963 hatte Baranger den stichhaltigen Beweis erbracht, dass beim Auskeimen von Leguminosensamen in einer Mangansalzlösung das Mangan verschwindet und Eisen an seine Stelle tritt. Bei dem Versuch, die daran beteiligten Mechanismen genauer zu analysieren, entdeckte er eine ganze Reihe von komplizierten Vorgängen, die bei der Umwandlung von Elementen durch Samen eine Rolle spielen – zum Beispiel der Zeitpunkt ihres Keimens, die Lichtverhältnisse und sogar die jeweilige Mondphase.

Um die Ungeheuerlichkeit von Barangers Ergebnissen zu verstehen, muss man sich vor Augen halten, dass die Kernphysik behauptet, es seien so gigantische »Bindungskräfte« notwendig, um die Elemente stabil zu halten, dass die Alchemisten, unfähig solche Kräfte zu erzeugen und zu lenken, niemals imstande gewesen sein können, ein Element in ein anderes umzuwandeln, wie sie behaupteten. Und dennoch sind Pflanzen ununterbrochen damit beschäftigt, Elemente umzuwandeln, ohne dabei auf riesige moderne Teilchenbeschleuniger zurückgreifen zu müssen. Wie das geschieht, ist der Wissenschaft nach wie vor ein Rätsel. Der kleinste Grashalm, der zarteste Krokus, die zierlichste Petunie vollbringen etwas, wozu die modernen Alchemisten – die Kernphysiker – bis heute nicht in der Lage sind.

Die praktischen Konsequenzen, die sich aus Barangers Entdeckungen ergeben, kann man nicht hoch genug einschätzen. Dass Pflanzen dem Boden Elemente zuführen können, die für das Wachstum anderer Pflanzen nützlich sind, könnte viele althergebrachte Ansichten über das Brachliegenlassen von Feldern, den Fruchtwechsel, Mischanbau und Düngemittel gründlich ändern. Es wäre nach Meinung Barangers schließlich auch möglich, dass gewisse Pflanzen imstande sind, seltene Elemente zu produzieren, die für die Industrie sehr wichtig sein könnten.

Louis Kervran, ein Ingenieur und Biologe aus der Bretagne, der sich trotz seiner akademischen Verpflichtungen in der Stadt immer ans Land gebunden fühlte, interessierte sich besonders für eine Erscheinung, die den Landwirtschaftsexperten schon seit langem bekannt war: Bei der Ernte von Weizen, Mais, Kartoffeln und anderen Nährpflanzen werden Elemente, die die Pflanze für ihr Wachstum braucht, dem Boden entzogen. Da diese Elemente aber nicht unbegrenzt im Boden vorrätig sind, müssten die Felder eigentlich schon längst bar all dieser Elemente sein. Das ist aber keineswegs der Fall. Im Gegenteil, bestimmte Böden, die schon seit Jahrtausenden abgeerntet werden, sind noch immer so fruchtbar, wie sie es von jeher waren. Kervran fragte sich, ob das damit zusammenhängt, dass Pflanzen das periodische System der Elemente durcheinanderbringen, und zum Beispiel aus Kalzium Magnesium herstellen oder aus Stickstoff Kohlenstoff. Auf diese Weise könnten die fehlenden Elemente ersetzt werden.

1962 veröffentlichte Kervran sein Buch *Transmutations Biologiques* (»Biologische Umwandlungen«). Er wollte zeigen, dass nicht alle Reaktionen im lebenden Organismus als rein chemische Vorgänge interpretiert werden dürfen. »Die Materie besitzt eine bisher nicht entdeckte Eigenschaft, die weder in der heutigen Chemie noch in der heutigen Kernphysik Beachtung finden kann, das heißt, diese beiden Wissenschaften sind hier gar nicht zuständig. Am Ende mag bei diesen Vorgängen etwas Chemisches herauskommen, aber nur als Ergebnis und Folge des nicht wahrgenommenen Phänomens der Umwandlung.«

Rudolf Hauschka führt in seinem brillanten Buch *Substanzlehre* Kervrans und von Herzeeles Gedanken noch weiter, indem er sagt, dass Leben unmöglich in chemischen Kategorien erfasst werden kann, weil Leben nicht das *Ergebnis* einer Verbindung von Elementen ist, sondern etwas, das den Elementen *vorausgeht.* Materie, meint er, ist der »Niederschlag« des Lebens.

Hauschka, ein Anhänger Rudolf Steiners, hat viele der Experimente von Herzeeles nachvollzogen, und er fand, dass Pflanzen nicht nur Materie scheinbar »amateriell« erzeugen können, sondern sie auch wieder »ätherisieren«. Er konnte ein rhythmisches Erscheinen und Verschwinden von Materie feststellen, das oft den Mondphasen entsprach.

Wir wissen nicht, was Materie eigentlich ist, erklärt Kervran. Wir wissen nicht, woraus ein Proton oder ein Elektron besteht. Die Namen dienen nur dazu, unsere Unwissenheit zu bemänteln.

Die Physiker irren sich, wenn sie behaupten, die Gesetze der Physik hätten für die belebte Materie ebenso Geltung wie für die unbelebte.

Ebenfalls im Widerspruch zu den Ansichten der Physiker behauptete Wilhelm Reich, dass die Akkumulatoren, die er gebaut hatte, um die organische Energie zu speichern, an ihrer Oberfläche einen dauernden Temperaturanstieg verzeichneten, wodurch das zweite Gesetz der Thermodynamik verletzt wurde. Obwohl er diese Erscheinung Albert Einstein demonstrierte, und Einstein sie bestätigte – wenn er dafür auch keine Erklärung fand –, wurde Reich dennoch für verrückt gehalten. Er behauptete, dass unter geeigneten Bedingungen, die nicht einmal besonders selten oder ungewöhnlich sind, Materie aus massefreien Partikeln organischer Energie entsteht.

Kervran erwartet, dass auch die Daten, die er beibringt, und die Phänomene, von denen er berichtet, die Chemiker irritieren werden. Die meisten Umwandlungen wurden bei den ersten zwanzig Elementen des periodischen Systems beobachtet. Sie scheinen immer Wasserstoff oder Sauerstoff mit einzubeziehen. So findet die Transmutation von Kalium ($_{19}K$) zu Kalzium ($_{20}C$) durch das Hinzufügen eines Wasserstoffprotons ($_{1}H$) statt. Es handelt sich dabei nicht um Verschiebungen von Elektronen auf den äußeren Schalen des Atoms oder die chemischen Bindungen von Molekülen, sondern um Veränderungen der Struktur von Atomkernen, die durch Enzymaktivitäten in der lebenden Materie hervorgerufen werden. Bei diesen Kernumwandlungen handelt es sich weder um rein chemische noch um rein physikalische Vorgänge.

Kervrans Arbeiten erregten auch die Aufmerksamkeit der Sowjetunion. Professor A. P. Dubrow vom Institut für Geophysik der sowjetischen Akademie der Wissenschaften, der an der Aufklärung der Zusammenhänge zwischen der Empfindlichkeit für elektromagnetische Strahlungen (Radiosensitivität) bei Tieren und dem erdmagnetischen Feld arbeitete, schrieb Ende 1971 an Kervran. Er wollte ihn darauf hinweisen, dass bei biologischen

Transmutationen sehr wohl das Magnetfeld der Erde selbst eine wichtige Rolle spielen könnte, und dass Elemente je nach Ausrichtung der biologischen Formen in Nord-Süd-Richtung möglicherweise beeinflusst würden.

Mit dieser »Ausrichtung« hat sich auch der Franzose Andre Bovis befasst, ein einfallsreicher Bastler, der während des Zweiten Weltkriegs in seiner Geburtsstadt Nizza starb.

Der Grundgedanke von Bovis' Theorie ist, dass die Erde positive magnetische Ströme, die von Nord nach Süd verlaufen, und negative magnetische Ströme, die von Ost nach West verlaufen, besitzt. Er meint, dass diese Ströme von allen Körpern auf der Erdoberfläche wahrgenommen werden, und dass jeder Körper, der in eine Nord-Süd-Richtung gebracht wird, je nach seiner Form und Beschaffenheit mehr oder weniger polarisiert wird. In den menschlichen Körper dringen diese positiven und negativen Ströme durch das eine Bein ein und verlassen ihn durch die entgegengesetzte Hand. Gleichzeitig treten kosmische Ströme von außerhalb der Erde durch den Kopf ein und strömen durch den anderen Arm und Fuß aus. Die Ströme fließen auch aus den geöffneten Augen.

Alle Körper, die Wasser enthalten, erklärt Bovis, sammeln diese Ströme und können sie allmählich wieder abstrahlen. Während diese Ströme ausfließen und mit anderen magnetischen Kräften in Gegenständen agieren und reagieren, beeinflussen sie auch das Pendel in der Hand des Pendlers. So kann der menschliche Körper wie ein variabler Kondensor als Detektor, Selektor und Verstärker von kurzen und ultrakurzen Wellen wirken – ein Zwischending zwischen der animalischen Elektrizität Galvanis und der unbeseelten Elektrizität Voltas.

Gleichzeitig kann das Pendel als perfekter Lügendetektor verwendet werden. Wer frei sagt, was er über dieses oder jenes denkt, beeinflusst die Strahlung nicht, also auch nicht das Pendel. Wer aber etwas anderes sagt, als er denkt, verändert die Wellenlängen und macht sie kürzer und negativer. Das wirkt sich auf das Pendel aus.

Die Wissenschaft des Pendelns und Rutengehens ist jahrtausendelang von Chinesen, Hindus, Ägyptern, Persern, Medern, Etruskern, Griechen und Römern betrieben worden. In der Renaissance wurde sie von so erlauchten Persönlichkeiten wie Goethes Vorgänger als Direktor der Sächsischen Bergwerke, Christopher von Schönberg, wieder belebt, der sich sogar mit einer Wünschelrute in der Hand porträtieren ließ. In Frankreich hat eine ganze Reihe von Kirchenmännern die Pendelkunst salonfähig gemacht.

Dr. Zaboj V. Harvalik, ein Physiker, der sich kürzlich von seiner Stelle als wissenschaftlicher Berater bei der U.S. Army's Advanced Material Concepts Agency zurückgezogen hat, um sich privaten Forschungen zu widmen, hat seine Aufmerksamkeit dem Phänomen der Radiästhesie zugewandt und der Frage, wie eine physikalische Theorie zu ihrer Erklärung beitragen könnte. Als Leiter des Forschungsausschusses der American Society of Dowsers versucht Harvalik, die alten Vorurteile gegenüber dem Pendeln als »Quacksalberei« abzubauen.

In seinem Heim an den Ufern des Potomac in Lorton, Virginia, hat Harvalik peinlich genaue Versuche durchgeführt und zum ersten Mal entdeckt, dass Radiästheten mit verschiedenen Sensibilitätsgraden auf polarisierte elektromagnetische Strahlung, künstlich wechselnde magnetische Felder (mit Frequenzen von einer bis zu einer Million Schwingungen pro Sekunde) und magnetische Felder von Gleichstrom reagieren. Harvalik ist überzeugt, dass Pendler die Gradienten magnetischer Felder wahrnehmen, wenn sie Wasser, unterirdische Röhren, Drähte, Tunnel oder geologische Anomalien aufzuspüren versuchen.

Pendeln scheint jedoch weit über das Entdecken von Wasseradern oder den mit ihnen verbundenen magnetischen Feldgradienten hinauszugehen. In seiner umfassendsten Definition bedeutet es einfach *suchen* – nach verlorenen Objekten, nach Reizzonen etc.

Bovis hat ebenfalls entdeckt, dass man mit Hilfe des Pendels die

Gesundheit und relative Frische von Obst, Gemüse und anderen Nahrungsmitteln, auch wenn sie nicht geschält sind, aufgrund ihrer Ausstrahlung feststellen kann. Um die verschiedenen Strahlungsfrequenzen, die von Nahrungsmitteln ausgehen, mit seinem Pendel messen zu können, entwickelte Bovis ein *»biomètre«*. Dabei handelte es sich einfach um ein Lineal, dessen Zentimetereinteilung er willkürlich als Mikrons (oder Tausendstelmillimeter) und Ångström-Einheiten (noch hundertmal kleiner) bezeichnete. So hatte er auf einen Meter verteilt einen Messbereich von null bis hundert Milliarden Ångström.

Wenn Bovis nun eine Frucht oder ein Gemüse oder sonst etwas Essbares an das eine Ende des Messstabes legte, konnte er beobachten, wie sich die Schwingungsrichtung seines Pendels veränderte, wenn er sich damit – entlang dem Messstab – auf eine bestimmte Distanz diesem Objekt genähert hatte. Nach Bovis' Ansicht wird die Strahlung jedes Objekts in einem bestimmten Umkreis vom allgemeinen Strahlungsfeld der Erde überdeckt, und diesen Grenzwert glaubt er messen und daraus den Vitalitätsgrad des betreffenden Nahrungsmittels »ablesen« zu können.

Die von einem Gegenstand ausgehenden Wellenlängen werden nach Bovis' Meinung von den Nerven des Armes aufgefangen und dann durch das Pendel verstärkt, das am Ende eines Fadens schwingt. Einen eindrücklichen Beweis für diese Auffassung hat in Montreal Jan Merta erbracht. Seine Laboratoriumsversuche zeigen klar, dass einen Bruchteil einer Sekunde, nachdem eine Änderung des Enzephalogrammusters registriert worden ist, eine winzige Muskelbewegung in der Gegend des Handgelenks auftritt.

In Übereinstimmung mit Bovis und Lachowskij stellte André Simonéton die Überlegung an, dass menschliche Nervenzellen, wenn sie Wellen empfangen können, auch welche aussenden müssten. Wie zwei gut gestimmte Klaviere sollten Sender und Empfänger in gegenseitige Resonanzschwingung kommen, damit eine Übertragung stattfinden kann. Wo aber liegt die »Empfangsstation« beim Menschen?

Harvalik stellte Versuche mit einem Zylinder aus einer Folie an, die gegen Magnetfelder abschirmt. Er konnte diesen Zylinder am Körper auf und ab schieben und stellte fest, dass nur dann keine Pendelausschläge mehr erfolgten, wenn eine Zone zwischen der siebenten und zwölften Rippe, also zwischen Brustbein und Nabel abgeschirmt wurde. Die Sensoren müssen sich demnach, so Harvalik, im Bereich des Solarplexus (Sonnengeflecht) befinden.

Simonéton wusste als Elektroingenieur genug über Radiowellen und Strahlungen, um Bovis nicht als Schwindler abzutun. Er konnte dessen Messungen sogar nachvollziehen und übernahm seine Maßeinheit Ångström. Wem dieses Maß für die relative Strahlungsvitalität von Nahrungsmitteln willkürlich erscheinen mochte, dem antwortete Louis Kervran in seinem Vorwort zu Simonétons Buch *Radiation des Aliments* (»Strahlung bei Nahrungsmitteln«), dass alle Maßeinheiten willkürlich seien und auf allgemeiner Übereinkunft beruhen. Die Ångström-Einheiten sind nicht willkürlicher als die Kalorien, nach denen man den Nährwert einer Speise misst.

In seinem Buch teilt Simonéton die Nahrungsmittel in vier Hauptklassen ein. Die erste umfasst alle Lebensmittel, die einen Messwert von 6500 Ångström bis 10 000 Ångström und darüber aufweisen. 6500 Ångström beträgt die Grundstrahlung des Menschen. In die zweite Kategorie gehören die Speisen, die 6500 bis wenigstens 3000 Ångström erreichen. Unter 3000 Ångström beginnt die dritte Gruppe, die für den Menschen schon kaum mehr genießbare Nahrung enthält, und schließlich folgt noch die vierte Gruppe, bei der sich überhaupt keine Strahlung mehr registrieren lässt. Zur ersten Gruppe gehören vor allem frische, reife Früchte und Gemüse, aber auch frische, rohe Meeresfische. Die zweite Gruppe umfasst die meisten Speisen der ersten Gruppe in gekochtem Zustand, dazu Eier, Erdnussöl, Wein und Rohrzucker. Die Kartoffel allerdings ergibt roh nur 2000 Ångström, gekocht aber 7000 und gebacken gar 9000. Aus der dritten Gruppe seien erwähnt: Kaffee, Tee, Schokolade, Marmelade, Käse und weißes Brot.

Um gesund zu bleiben oder zu werden, müsste man also Speisen zu sich nehmen, die einen höheren Wert erreichen als die 6500 Ångström, die der gesunde Mensch ausstrahlt. Da Mikroben weit unter diesem Wert liegen, nimmt Simonéton – ebenso wie Lachowskij – an, dass sie nur Menschen angreifen können, die so geschwächt sind, dass ihre Zellen den Mikroben nicht mehr genug Strahlung entgegenzusetzen haben. Zweifellos erklärt das gleiche Prinzip auch, weshalb Pflanzen, deren Strahlung durch Kunstdünger verringert worden ist, anfälliger sind für Schädlinge.

Simonéton kam die Idee, dass die wunderbaren Heilwirkungen, die man von alters her Kräutern, Blumen, Wurzeln und Rinden zuschreibt, vielleicht nicht allein auf ihrem chemischen Gehalt beruhen, sondern mit den heilsamen Strahlungen zusammenhängen könnten, die sie aussenden.

Der wohl am besten mit den Heilkräften der Pflanzen vertraute Arzt war Paracelsus. Gemäß seiner Lehre enthüllen alle Gewächse durch ihren Bau, ihre Form, ihre Farbe und ihren Duft, auf welche Weise sie dem Menschen, den er als Teil der Natur betrachtete, nützlich sein können.

In neuerer Zeit hat Paracelsus einen Nachfolger in dem Londoner Arzt Edward Bach gefunden, der 1930 seine gut gehende Praxis in der *Harley Street* aufgab und begann, in den Wäldern und Feldern nach wirksameren Heilmitteln für seine Mitmenschen zu suchen. Wie Paracelsus, der versuchte, die Gesundheit durch natürliche Mittel wiederherzustellen, damit der Kranke sich nicht zuerst von seiner Krankheit und anschließend noch von seiner Kur erholen musste, rebellierte Bach gegen die Vorstellung, dass Medizin schmerzhaft und unangenehm sein müsse. Er suchte nach wohlschmeckenden, sicheren Heilmitteln, die Leib und Seele gleichermaßen wieder »heil« machen sollten.

Wie Paracelsus und Goethe war auch Bach überzeugt, dass wahre Erkenntnis nicht durch den Intellekt des Menschen, sondern durch seine Gabe des Schauens gewonnen werde und durch das Annehmen der einfachen natürlichen Lebenswahrheiten. Mit

Paracelsus glaubte Bach, dass alles Lebendige strahlt, und mit Simonéton wurde ihm klar, dass Pflanzen mit hohen Schwingungen imstande sind, langsamer gewordene Schwingungen im Menschen wieder zu beschleunigen.

Im Grunde ist Bach der Auffassung, dass es Sache des Kranken ist, eine andere Einstellung zu seiner Krankheit zu bekommen, aber dass wohltuende, gesunde Vibrationen ihn in seinem Wunsch, gesund zu werden, bestärken. »Nicht die Krankheiten müssen behandelt werden«, erklärte Bach, »es gibt gar keine Krankheiten, nur kranke Menschen.«

So durchstreifte Bach die Wälder und Einöden der Berge von Wales und prüfte verschiedene Blumen auf ihre heilenden Eigenschaften. Er fand solche, deren Aufguss gegen Nervosität und Depressionen half, und andere, wie die Wegewarte, die innere Ruhe und Gelassenheit bewirken. Seine Sinne schärften sich während seiner Monate in Wales, und er entwickelte einen äußerst sensiblen Tastsinn, so dass er die Vibrationen und die Kraft jeder Pflanze, die er prüfte, regelrecht spürte. Wie Paracelsus hielt er ein Blütenblatt oder eine Blüte längere Zeit in seiner Hand oder legte sie auf seine Zunge und konnte so »am eigenen Leib« die Wirkungen spüren, die diese Pflanze ausüben würde. Einige hatten einen stärkenden, belebenden Einfluss auf seinen Körper und Geist, andere wieder verursachten Schmerzen, Übelkeit, Fieber etc. Sein Instinkt sagte ihm, dass die besten Pflanzen jene sein müssten, die im Hochsommer blühen, wenn die Tage am längsten und die Sonnenbestrahlung am intensivsten ist.

Als er eines Morgens früh über ein Feld ging, das noch ganz feucht vom Tau war, kam Bach – wie schon seinerzeit Paracelsus – die Idee, dass jeder Tautropfen einige der Eigenschaften der Pflanze, auf der er lag, enthalten müsse. Die Sonnenwärme würde durch die Flüssigkeit hindurch diese Eigenschaften aus den Pflanzen ziehen, bis jeder Tropfen mit der spezifischen Kraft der Pflanze »aufgeladen« war. Es wurde ihm klar, dass er, sollte es ihm gelingen, die Heilkräfte der Pflanzen auf diese Weise zu extrahieren, Heilmittel erhalten könnte, die in einer noch nie dagewesenen Weise wirken würden.

Doch das Einsammeln der Tautropfen erwies sich als mühsam und unergiebig. Da entschloss er sich zu folgendem Vorgehen: Er füllte Glasschalen mit Wasser aus einem klaren Fluss, legte ein paar Blüten von besonders ausgesuchten Pflanzen hinein und stellte die Schalen an einem schönen Sommertag auf ein Feld mitten in die Sonne. Das auf diese Weise mit Vibrationen und Kräften der entsprechenden Pflanzen angereicherte Wasser füllte er in Fläschchen ab, die er zur Hälfte mit Branntwein auffüllte, um die Mischung haltbar zu machen.

Tausende von Patienten in England und auf der ganzen Welt sind bereit, die Wirksamkeit dieser Blumenelixiere zu beschwören.

Ähnlich verblüffende Erfolge konnte auch der Franzose Maurice Mességué, der auch so berühmte Leute wie den einstigen Präsidenten der Französischen Republik, Eduard Herriot, und Jean Cocteau zu seinen Patienten zählte, mit seinen Kräuterkuren erzielen.

Dr. Albert Abrams, Sohn eines erfolgreichen Kaufmanns aus San Francisco, kam Ende des 19. Jahrhunderts nach Heidelberg, um dort seine medizinische Ausbildung zu vervollständigen. An der Universität lernte er Professor de Sauer kennen, der – Jahre bevor sich Gurwitsch mit »mitogenetischer Strahlung« befasste – eine Reihe von interessanten Pflanzenversuchen durchführte. De Sauer berichtete Abrams, dass er, als er einige Zwiebelsetzlinge umpflanzte, unabsichtlich einige der ausgezogenen Zwiebeln neben einer Saatschale, in der sich ebenfalls Zwiebeln befanden, liegen gelassen hatte. Zwei Tage später entdeckte er, dass die Setzlinge in der Saatschale, die sich in nächster Nähe der sterbenden Pflanzen befanden, plötzlich anders aussahen als jene auf der anderen Seite der Schale. De Sauer konnte sich den Unterschied nicht erklären, aber Abrams war überzeugt, dass die Zwiebelwurzeln eine bestimmte Strahlung aussandten.

Abrams kehrte in die Vereinigten Staaten zurück und lehrte an der medizinischen Fakultät der Stanford-Universität Pathologie. Er war ein ausgezeichneter Diagnostiker und beherrschte meisterhaft die Kunst des Abklopfens; die dabei auftretenden Resonanzgeräusche gaben ihm Hinweise auf die Krankheit, an der der Patient litt. Eines Tages bemerkte Abrams, dass das Resonanzgeräusch beim Abklopfen plötzlich gedämpfter klang, nachdem ein in der Nähe stehender Röntgenapparat unvermittelt eingeschaltet worden war. Erstaunt drehte Abrams seinen Patienten herum und entdeckte, dass diese merkwürdige Dämpfung des Tones nur dann auftrat, wenn der Mann in Ost-West-Richtung saß. Bei Nord-Süd-Stellung hingegen blieb das Perkussionsgeräusch unverändert. Zwischen dem magnetischen Feld der Erde und dem elektromagnetischen Feld eines Menschen schien ein Zusammenhang zu bestehen.

Etwas später entdeckte Abrams, dass ein ganz ähnlicher Effekt auftrat, sobald ein Mann mit Lippenkrebs anwesend war. Nachdem er daraufhin mehrere Monate lang mit Leuten experimentiert hatte, die die unterschiedlichsten Erkrankungen aufwiesen, kam Abrams zu dem Schluss, dass die Nervenfasern in der oberen Bauchgegend sowohl auf den Reiz der Röntgenstrahlen, als auch bei Anwesenheit eines Krebspatienten mit Kontraktion reagierten, die nur aufhörte, wenn der Patient in Nord-Süd-Richtung saß. Daraus schloss Abrams, dass die Kontraktionen, die im ersten Fall auf die Strahlungsenergie aus dem Röntgengerät zurückgeführt werden konnten, im zweiten Fall als Reaktion auf vibrierende Moleküle, die das Wachstum des Krebsgeschwürs ausmachen, zu deuten waren.

Abrams bat seinen Boy, der ihn zur Vorlesung begleitet hatte, aufs Podium zu kommen, sich bis zur Taille frei zu machen und nach Westen zu blicken. Während er den Jungen oberhalb des Bauchnabels abklopfte, forderte Abrams seine Studenten auf, genau auf den deutlichen, hohl klingenden Ton zu achten, der dabei zu hören war. Dann bat er einen jungen Arzt, ein Stück krebsverseuchtes Gewebe leicht gegen Ivors Stirn zu drücken, es einige Sekunden dort zu lassen, wieder zu entfernen und erneut aufzulegen. Abrams fuhr fort, das Abdomen abzuklopfen und das Auditorium stellte erstaunt fest, dass der deutliche Klang jedes Mal dumpf wurde, sobald das Gewebestück an Ivors Stirn gepresst wurde – offensichtlich infolge einer Muskelkontraktion. Als Abrams das Krebsgewebe durch tuberkuloses Gewebe ersetzte, änderte sich der Klang nicht. Wenn er aber gerade unterhalb des Nabels klopfte, trat wieder das gleiche Phänomen auf wie zuvor beim Krebsgewebe im Epigastrium. Abrams blieb nur der Schluss, dass von erkrankten Individuen offenbar unbekannte Wellen ausgehen, die von einem gesunden menschlichen Körper registriert werden können und ihn irgendwie beeinflussen.

In den folgenden Monaten gelang es Abrams, weitere interessante Beobachtungen zu machen. Zunächst stellte er fest, dass die »elektronischen Reaktionen« gewisser Körperstellen beim gesunden Menschen bestimmten Erkrankungen zugeordnet werden können. Dann folgte die Entdeckung, dass sich die Strahlungen erkrankter Gewebe durch ein Kabel übertragen ließen – wie Elektrizität. Weil aber einzelne Körperstellen auf mehrere Erkrankungen ansprachen, konstruierte Abrams ein Gerät, das zwischen allen möglichen Wellenlängen von erkrankten Geweben unterscheiden können sollte. Schließlich war sein »Reflexophon« – wie er es nannte – fertig, ein Instrument, das wie ein variabler elektrischer Widerstand arbeitete, einen in der Klangfarbe wechselnden Ton aussandte, der das Abklopfgeräusch ersetzte, und mit einer Messskala versehen war. Mit Hilfe dieses Geräts konnte Abrams sogar einem einzigen Tropfen Blut einer erkrankten Person entnehmen, woran sie litt, denn jede Zahl auf der Skala entsprach einer bestimmten Krankheit.

Eines Tages, als Abrams in einem Kolleg demonstrierte, wie sein Apparat auf das Blut eines Malariapatienten ansprach, wandte er sich plötzlich seinen Zuhörern zu und sagte: »Nun, Sie sind hier über vierzig Ärzte, und wahrscheinlich würde jeder von Ihnen einem Patienten mit dieser Krankheit Chinin verschreiben.

Aber kann mir einer von Ihnen irgendeine wissenschaftliche Begründung dafür geben?« Nachdem keine Antwort erfolgte, vertauschte er den Blutstropfen in seinem Gerät mit ein paar Körnern Chininsulfat. Daraufhin hörte man den gleichen Ton wie zuvor beim Malariablut. Als Abrams jedoch Blut und Chinin gleichzeitig in den Behälter legte, wurde aus dem bisher dumpfen ein deutlicher, heller Ton.

Abrams war zu der Ansicht gelangt, dass Krankheit als eine Veränderung in der Anordnung und Anzahl der Elektronen in den Molekülen betrachtet werden muss, die eine Veränderung der Molekularstruktur der Zelle zur Folge hat, die erst später als Veränderung einzelner Zellen unter dem Mikroskop sichtbar wird. Er entwickelte nun vor seiner verblüfften Zuhörerschaft die Theorie, dass die Schwingungen der Chininmoleküle diejenigen der Malariamoleküle durch eine Art Interferenz auslöschen.

Abrams war sich darüber klar, dass er die Krankheitsstrahlungen ebenso gut auslöschen konnte, wenn es ihm gelang, einen Apparat zu konstruieren, der wie ein Radiosender entsprechende Wellenlängen aussandte. Mit Hilfe seines Freundes Samuel O. Hoffman, einem hervorragenden Radio-Forschungsingenieur, baute er dann den »Oszilloklasten«, mit dem er tatsächlich Krankheiten heilen konnte, indem der Apparat offenbar Wellen aussandte, die die Wellen der kranken Moleküle veränderten oder löschten. 1919 begann er damit, Ärzte im Gebrauch seines Geräts zu unterweisen. Aber seine Erfolge schienen den meisten zu schön, um wahr zu sein. Die »Abrams Box«, wie man den »Oszilloklasten« scherzhaft nannte, wurde als Schwindel und Geldschneiderei abgetan. Es wurde geflissentlich übersehen, dass der schon zuvor finanziell unabhängige Abrams an Upton Sinclair, einen seiner Verteidiger in Amerika, geschrieben hatte, er wäre bereit, seine Geräte und seine Arbeitskraft jedem Institut unentgeltlich zur Verfügung zu stellen, das seine »Abrams Box« zum Wohle der Menschheit weiterentwickeln wolle. Abrams starb 1924, aber die Hetze gegen ihn und sein Gerät ging weiter.

Im Sommer 1951 unternahmen zwei der wenigen Menschen, die es wagten, an Abrams' Arbeit anzuknüpfen, einen eigenartigen Versuch. Diese beiden waren Curtis P. Upton, ein in Princeton ausgebildeter Ingenieur, dessen Vater mit Thomas Alva Edison zusammengearbeitet hatte, und sein Studienkollege William J. Knuth, ein Fachmann für Elektronik, der aus Corpus Christi in Texas stammte. Upton ließ der Gedanke an den »Oszilloklasten« nicht mehr los. Er fragte sich, ob der merkwürdige Apparat, der zur Heilung von Erkrankungen des Menschen eingesetzt wurde, nicht auch zur Schädlingsbekämpfung auf den Feldern angewendet werden könnte. Gemeinsam fuhren Upton und Knuth auf die Baumwollfelder des 12000 Hektar großen Gebietes von Cortaro-Marana in der Nähe von Tucson, Arizona. Aus ihrem Wagen kam ein geheimnisvolles, kistenähnliches Gerät zum Vorschein, das ungefähr die Größe eines tragbaren Radios hatte und mit Skalen-Wählscheibe und Stabantenne ausgestattet war. Sie wollten versuchen, eine Wirkung auf das Feld auszuüben, aber nicht direkt, sondern mit Hilfe von Fotografien.

Eine Luftaufnahme des Feldes wurde auf eine »Kollektorplatte«, die an der Unterseite des Geräts befestigt war, gelegt, ebenso ein Reagens, von dem man wusste, dass es Baumwollschädlinge vernichtete. Die Skalen-Wählscheiben wurden eingestellt. Ziel der Übung war es, das Feld von Schädlingen zu befreien, ohne auf chemische Insektizide zurückgreifen zu müssen. Das ganze baute auf der Theorie auf, dass die molekularen und atomaren Bestandteile der Fotografie mit den gleichen Frequenzen schwingen würden wie die Objekte, die sie im Bilde darstellten. Das hatte schon Bovis in den dreißiger Jahren entdeckt, doch davon wussten die beiden amerikanischen Ingenieure nichts. Indem sie die Fotografie mit einem Reagens behandelten, von dem sie wussten, dass es für die Baumwollschädlinge giftig war, glaubten die Amerikaner, sie könnten die Baumwollpflanzen auf dem Feld gegen Schädlinge immunisieren.

Es hätte damals wohl kaum einen Wissenschaftler gegeben,

der auch nur einen Pfennig darauf gewettet hätte, dass das Vorgehen von Upton und Knuth einen Schutz vor irgendwelchen Schädlingen bieten könnte. Aber die beiden Ingenieure verfolgten unverdrossen ihren Weg und »bearbeiteten« auch die Felder der Cortaro Management Company, einer der größten Baumwollpflanzerfirmen von Arizona, nach ihrer Methode.

Im Herbst brachte der *Weekend-Reporter* von Tucson einen zweiseitigen Bildbericht mit der Schlagzeile: »Millionen-Dollar-Spekulation mit Baumwolle zahlt sich aus.« In dem Artikel wurde festgestellt, dass »ein elektronisches Schädlingsbekämpfungsgerät vom Typ ›Kleiner Moritz‹« es Cortaro erlaubt hatte, eine gegenüber dem Landesdurchschnitt um beinahe fünfundzwanzig Prozent höhere Baumwollernte einzubringen. W. S. Nichols, der Präsident der Cortaro Management Company gab die schriftliche Erklärung ab, dass die »behandelte« Baumwolle auch etwa zwanzig Prozent mehr Samen zu haben schien. »Wahrscheinlich, weil die Bienen überhaupt nicht behelligt wurden, da auf sie der radionische Prozess keinen Einfluss zu haben scheint.«

An der Ostküste der Vereinigten Staaten beschloss ein weiterer Princetoner Studienkollege von Upton, Howard Armstrong, der Chemiker geworden war, die Methode seines Freundes in Pennsylvania auszuprobieren. Nachdem er eine Luftaufnahme eines Maisfeldes gemacht hatte, das bereits von Schädlingen befallen war, schnitt er eine Ecke der Aufnahme ab. Den Rest legte er auf die »Kollektorplatte« eines der Uptonschen Radionikgeräte und fügte eine kleine Portion eines Insektizids hinzu, das aus der Wurzel eines verholzten asiatischen Rebengewächses gewonnen wird.

Nach mehreren fünf- bis zehnminütigen Behandlungen, bei denen die Wählscheiben auf bestimmte Zahlen der Skala eingestellt waren, wurde eine sorgfältige »Schädlingszählung« durchgeführt. Sie ergab, dass achtzig bis neunzig Prozent der Käfer aus den Maispflanzen des behandelten Fototeils entweder gestorben oder verschwunden waren. Die unbehandelten Pflanzen der abgeschnittenen Ecke zeigten weiterhin einen hundertprozentigen Befall!

Nachdem er Zeuge dieses Experiments geworden war, schrieb B. A. Rockwell, der Forschungsleiter der Pennsylvania Farm Bureau Cooperative Association in Harrisburg: »Schädliche Insekten aus einer Entfernung von achtundvierzig Kilometer zu bekämpfen, und das ohne Gefahr für Mensch, Pflanze oder Tier, ist vielleicht eine Errungenschaft, wie sie in der wissenschaftlichen Bekämpfung von Pflanzenschädlingen bisher einmalig sein mag. Jemandem mit einer neunzehnjährigen Erfahrung auf diesem Forschungsgebiet erschien dieses Kunststück unwirklich, unmöglich, phantastisch und verrückt. Und dennoch; sorgfältige Zählungen an den behandelten und unbehandelten Maispflanzen, die ich selbst durchführte, ergaben eindeutig einen Vernichtungsquotienten von zehn zu eins zugunsten der behandelten Pflanzen.«

Upton, Knuth und Armstrong taten sich und die Anfangsbuchstaben ihrer Namen zusammen, um die UKACO zu gründen. Ziel der neuen Gesellschaft war es, die Felder von Schädlingen zu befreien – mit einer neuen Methode, die ebenso wissenschaftlich unerklärbar wie einfach und billig ist. Es folgten Verträge mit einer ganzen Reihe von Pflanzern und Bauern, die alle zur vollen Zufriedenheit der Auftraggeber erfüllt werden konnten – jedoch weniger zur Freude der Hersteller und Vertreter von Schädlingsbekämpfungsmitteln. Das war wohl der Hauptgrund, dass Upton das Patent auf sein Verfahren verweigert wurde. Schließlich war die UKACO gezwungen, sich der obrigkeitlichen Ablehnung zu beugen und sich aufzulösen. Die Möglichkeiten aber, die sie eröffnet hat, sind nicht abzuschätzen, und die Erforschung der so genannten Radionik steht erst an ihrem Anfang.

12
Signale von der Venus

1930 kaufte Glen Wills, ein Chiropraktiker aus Arkansas und ein tüchtiger Geschäftsmann, die Pathometric Association auf, die ein Abrams-Anhänger aus Chicago, der Arzt G. W. Wiggelsworth gegründet hatte, um eine Weiterentwicklung der »Abrams Box«, den »Pathoklasten« (Leiden-Brecher) zu verbreiten. Wills bat T. Galen Hieronymus, einen jungen Gerätebauingenieur der Kansas City Power and Light Company und begeisterten Amateurfunker mit Sinn für ausgefallene Experimente, eine verbesserte Version des »Pathoklasten« zu entwerfen. Beim Bau dieser Apparatur und den Versuchen, die er damit anstellte, kam Hieronymus immer mehr zu der Überzeugung, dass die Energie, die von diesen Geräten umgewandelt wurde, nur sehr wenig mit elektromagnetischer Kraft zu tun hatte. Diese Vermutung wurde zur Gewissheit, als er feststellen konnte, dass das Gerät kurzgeschlossen wurde, wenn man es einem »Sonnenbad« aussetzte – genau wie die elektrischen Ströme eines Radios, wenn man es ins Wasser legt.

Hieronymus versuchte, dieser Energie auf die Spur zu kommen. Er entdeckte, dass es sich um eine Strahlung handelte, die je nach den Bedingungen nur eine gewisse Distanz zurücklegt und dann verschluckt wird – wie Licht von dichtem Nebel. Die Strahlungsfrequenz und ihr Brechungswinkel an einem Prisma entsprechen der Anzahl der Kernteilchen in den Atomen der Substanz, von der die Strahlung ausgeht. Die Energie folgte in einigen Punkten den Gesetzen der Elektrizitätslehre, in anderen wieder jenen der Optik. Hieronymus nannte sie deshalb »eloptische Energie«. Er vermutete, es könne sich dabei um eine Art

»Feinstoff« handeln, vielleicht um das, was man früher »Äther« genannt hat.

In den frühen vierziger Jahren meldete Hieronymus seinen Detektor, mit dessen Hilfe er die eloptische Energie analysieren konnte, zum Patent an. Ein wesentliches Element dieses Apparats war die so genannte Detektorplatte, die aus einem elektrischen Leiter bestand, der mit einem Stoff überzogen war, der sich, wenn Strom durch den Leiter floss, so veränderte, dass er einer darüberstreichenden Hand größeren Widerstand entgegensetzte. Wie diese Veränderung der Detektorplatte zustande kam, wusste niemand genau, der Vorgang schien auch von der Erfahrung und dem Geschick desjenigen abzuhängen, der den Apparat bediente. 1949 erhielt Hieronymus jedenfalls das USA-Patent Nummer 2482773 für »das Registrieren und Messen von Strahlungen verschiedenster Materialien«. Es folgten weitere Patente in England und Kanada.

Hieronymus kam auch mit den UKACO-Leuten zusammen. Sie blieben allerdings bei ihrer Meinung, dass ihre Apparate auf elektromagnetischen und elektronischen Prinzipien beruhen. Hieronymus machte aber im Beisein von Vertretern der UKACO eine Erfahrung, die ihn sehr erschütterte. Er suchte sich von einem Maisfeld drei Maiskolben aus, an denen je ein Maiswurm nagte. Er packte die Kolben so ein, dass die Würmer nicht mehr entfliehen konnten, und begann, sie mit seinem Radionik-Sender zu behandeln. Nach drei Tagen, an denen er die Behandlung im Laufe von vierundzwanzig Stunden jeweils zehn Minuten pro Stunde durchführte, waren zwei der Würmer nur noch Brei. Der dritte allerdings knabberte noch. Nach weiteren vierundzwanzig Stunden der gleichen Behandlung hatte auch der widerborstige Wurm dasselbe Schicksal erlitten. Von den beiden andern blieb nichts übrig als zwei feuchte Flecke auf dem Maiskolben.

Hieronymus war von den tödlichen Kräften seines Gerätes so beeindruckt und entsetzt, dass er beschloss, niemals genaue Angaben über den Bau und die Funktion seiner Apparatur zu machen, es sei denn, es fanden sich ernsthafte, aufrichtige Forscher, die ihm bei der Aufklärung der Grundlagen seiner Arbeiten helfen konnten.

Nachdem Hieronymus und seine Frau Louise jahrelang mit ihrem Apparat die verschiedensten Menschen auf ihren körperlichen Gesundheitszustand hin untersucht hatten, beschlossen sie 1968, die Körperfunktionen der Apollo-Astronauten während des Flugs zu überprüfen, und zwar anhand von Fotografien, die sie mit ihrem Detektor abtasteten. Sie konnten auf diese Art, je nach Einstellung ihres Geräts, die Funktionen von Herz, Lunge, Drüsen und anderen Organen feststellen. Rolf Schaffranke schrieb über die Versuche von Hieronymus: »Klingt vollkommen verrückt. Hat aber wirklich funktioniert. Zahlreiche Beobachter sind fest davon überzeugt, dass der Versuch jederzeit an jedem beliebigen Ort mit beliebig vielen Zeugen wiederholt werden könnte.«

Hieronymus war neugierig, was für Schwingungen er wohl von anderen Himmelskörpern empfangen würde, und richtete ein Teleskop auf die Venus. Dann ersetzte er das Okular durch einen Anschluss an seinen Detektor. Merkwürdigerweise erhielt er auf etwa der Hälfte der fünfunddreißig Wellenlängen, auf denen er die Signale von den Organen der Astronauten empfing, Signale von der Venus. Plötzlich kam ihm der Gedanke, dass dabei möglicherweise Pflanzen im Spiel sein könnten.

Und er begann, Pflanzen mit seinem Gerät zu analysieren – so als wären sie Menschen. Er überprüfte drei Bäume, einen Mangobaum, eine Weide und eine Fichte. Bei allen dreien erhielt er Reaktionen auf Wellenlängen, die Lunge, Zirbel- und Thymusdrüse, Hypophyse, Nebennieren- und Schilddrüse, Magen, Darmwand, Prostata, Ovarien und Nervensystem entsprachen. Es zeigten sich aber auch merkwürdige Unterschiede. Der Mangobaum zum Beispiel schien als Einziger so etwas wie ein Lymphsystem zu besitzen, dafür nichts, was dem Zwölffingerdarm oder der Milz entsprochen hätte, womit jedoch die beiden andern Bäume aufwarten konnten.

Die Venus-Daten ließen erkennen, dass auf diesem Planeten Strukturen vorhanden sind, die den irdischen Pflanzen ähneln. Hieronymus schließt daraus, dass es möglicherweise eine Art pflanzliches Leben auf der Venus geben könnte, obwohl er keine Ahnung hat, in welcher Form. Auch bleibt rätselhaft, weshalb die Vitalität dieser »Pflanzen-Organe« mehr als doppelt so stark zu sein scheint, als die der Erdpflanzen, die er getestet hat. Er weiß auch nicht, ob diese »Pflanzen« vielleicht nur einen – wie die Okkultisten es nennen – Äther- oder Astralleib besitzen.

Obwohl 1973 die Forschungen von Hieronymus einem breiteren Publikum durch verschiedene Zeitungsartikel bekannt wurden, weigert sich Hieronymus, Unberufenen seine Geheimnisse preiszugeben. Die zum großen Teil noch unerforschten Kräfte seien zu gefährlich, meint er, als dass jedermann damit herumspielen dürfte. »Wenn eine Gruppe von verantwortungsbewussten Leuten uns helfen will, eine breitangelegte Untersuchung der eloptischen Energie durchzuführen, die dem Wohl der Menschheit dient, bin ich allerdings gerne bereit mitzuarbeiten und alles, was ich weiß, weiterzugeben«, erklärte Hieronymus den Autoren.

Aber nicht nur in Amerika wurde Radionik-Forschung betrieben. In Großbritannien erschien 1934 das Buch eines britischen Chirurgen, Guyon Richards: *The Chain of Life* (»Die Kette des Lebens«). Richards befasste sich vor allem mit galvanometrischen Untersuchungen von Pflanze und Mensch. Sein Buch weckte bei einigen britischen Ärzten das Interesse für Radionik, und sie suchten daraufhin einen Ingenieur, einen »englischen Hieronymus«, der ihnen bei der Konstruktion dieses merkwürdigen neuen Geräts behilflich sein konnte, und fanden ihn in der Person von George De la Warr, einem Ingenieur, der in Oxford studiert hatte und medial begabt war.

De la Warr und seine Frau Marjorie bauten mehrere Apparate, die mit schwarzem Leder überzogen waren und deshalb später als »Blackboxes« bekannt wurden. Ein Jahr nach der Auflösung von UKACO, von deren Existenz sie keine Ahnung hatten, entdeckten die beiden, dass sie das Wachstum kranker oder schlecht ernährter Pflanzen beeinflussen konnten, wenn sie »radionische« Energie direkt auf sie richteten. Sie bedienten sich dabei eines Linsensystems und bestätigten so die Beobachtungen Hieronymus' – von dem sie ebenfalls nichts wussten –, dass die Energie sich optisch brechen lässt. Wie die UKACO-Leute stellten auch die De la Warrs fest, dass sie nicht nur erfolgreich waren, wenn sie die Pflanze direkt bestrahlten, sondern auch wenn sie die Energie nur auf eines ihres Blätter richteten, oder sogar nur auf eine Fotografie der Pflanze. Warum das so war, blieb den De la Warrs ein Rätsel.

Die Ergebnisse, die sie mit Hilfe der Radionik erzielten, waren phantastisch. Kohlköpfe, Erbsen, Broccoli – alles wuchs bei radionischer Behandlung per Fotografie besser und brachte reichere Ernteerträge; allerdings sehr oft nur, wenn die De la Warrs selbst die Aktion leiteten. Versuchten andere ihr Glück, stellte sich häufig Misserfolg auf der ganzen Linie ein.

Nach drei Jahren intensiver Arbeit mit Pflanzen und Unkosten von rund zwanzigtausend Dollar waren die De la Warrs schließlich auf den Kern des Problems gestoßen: Der Faktor Mensch spielte bei der ganzen Sache eine ungeheure Rolle und brachte Unklarheit in die Versuchsergebnisse. Durch eine groß angelegte Versuchsreihe kamen sie der Lösung des Rätsels näher: Der *Glaube* daran, dass die einen Pflanzen schneller wachsen müssten als die anderen, wirkte offensichtlich Wunder. Die *Gedanken eines Menschen konnten also die Zellenbildung beeinflussen.*

Als De la Warr dieses Versuchsergebnis einem der führenden englischen Physiker mitteilte und die Hypothese aufstellte, dass eine universelle Energie durch richtige Einstellung der Gedanken hervorgerufen werden konnte, erhielt er höflich, aber bestimmt zur Antwort: »Ich glaube Ihnen nicht, Mr. De la Warr. Wenn Sie wirklich die Anzahl der Atome in einer wachsenden Pflanze durch ihre Denkprozesse beeinflussen könnten, müssten wir unsere Vorstellungen vom Aufbau der Materie völlig revidieren.«

»Ja, genau das müssen wir«, meinte De la Warr, »auch wenn dabei eine Menge ›gesichertes‹ Wissen neu überdacht werden muss.«

Als De la Warr erkannt hatte, dass das Geheimnis, Pflanzen zum Gedeihen zu bringen, darin bestand, sie einfach darum zu bitten, veröffentlichte er einen Artikel darüber in seiner Zeitschrift *Mind and Matter.* Er bat seine Leser, weitere Bestätigungen beizubringen, für die Richtigkeit seiner Versuchsergebnisse, die so allen geläufigen und als richtig anerkannten Atomtheorien zuwiderliefen. Und viele der Leser des Artikels warteten mit erfolgreichen Experimenten auf.

In Amerika untersuchte Reverend Franklin Loehr unter der Aufsicht der Loehr's Religious Research Foundation in Los Angeles im Rahmen von siebenhundert Experimenten mit hundertfünfzig Versuchspersonen die Wirkungen von Gebeten auf Pflanzen. Von den höchst positiven Ergebnissen berichtet er in seinem Buch *The Power of Prayer an Plants* (»Die Macht des Gebets auf Pflanzen«).

Wie aber der menschliche Geist durch Vermittlung von radionischen Apparaten zu wirken vermag, ist nach wie vor ein Geheimnis, das seiner Lösung harrt. Der verstorbene John Campbell, Herausgeber von *Astounding Science Fiction* (jetzt *Analog Science Fiction/Science Fact*) stellte in den fünfziger Jahren fest, dass ein Schaltschema des Apparats von Hieronymus, mit Tinte aufgezeichnet, ebenso gut funktionierte wie der Apparat selbst. Er schrieb an Hieronymus: »Ihr Schaltschema stellt ein *Muster von Verbindungen* dar. Die elektrischen Eigenschaften sind unwichtig und können ganz außer Acht gelassen werden.«

Frances Farelly, die ein Institut zur Ausbildung von medizinisch-technischen Assistentinnen leitete und sich längere Zeit mit radionischen Geräten befasst hatte, kam ebenfalls zu dem Schluss, dass sie ebenso gut ohne das Gerät arbeiten konnte. Es genügte, dass sie ihre Hände gegen einen Patienten ausstreckte – schon konnte sie diagnostizieren, woran er litt. Sie benutzte das radionische Gerät »mental«, im Kopf, wie sie sagte. Auch auf dem ersten Internationalen Kongress für Psychotronik im Juni 1973 in Prag konnte Frances Farelly ihre Fähigkeiten unter Beweis stellen.

Dr. Bernard Grad, ein Biochemiker vom Allan Memorial Institute of Psychiatry der McGill-Universität in Montreal hat in einem wissenschaftlichen Experiment gezeigt, dass die Energie, die den Händen eines Heilers entströmt, das Wachstum der Pflanzen beeinflussen kann. Er machte seine Versuche in Zusammenarbeit mit einem pensionierten ungarischen Offizier, Oskar Estebany, der während des Ungarnaufstands im Jahre 1956 seine außergewöhnlichen Heilkräfte entdeckt hatte.

Grad stellte fest, dass das Keimen der Körner und die Zahl der Grünpflanzen beträchtlich gefördert bzw. erhöht werden konnte, wenn zum Gießen eine Lösung verwendet wurde, die, in Flaschen verschlossen, lediglich den heilenden Kräften in Estebanys Händen anvertraut wurde.

Grad wollte nun herausfinden, ob und welche Ergebnisse er mit anderen Versuchspersonen erzielen würde. Aus der großen Zahl der Patienten am Institut wählte er eine sechsundzwanzigjährige Frau mit einer Neurose und einen siebenunddreißigjährigen Mann, der an einer Psychose litt. Außerdem zog er noch einen gesunden zweiundfünfzigjährigen Mann hinzu. Grad wollte mit dieser Versuchsanordnung außerdem feststellen, ob der Gemütszustand der Testpersonen irgendeinen Einfluss auf das Wachstum der Pflanzen hatte.

Jede Testperson musste eine halbe Stunde lang eine Flasche mit Kochsalzlösung in ihren Händen halten. Dann wurden mit der Flüssigkeit eingetopfte Gerstensamen begossen. Bei der Pflanze der gesunden Versuchsperson war das Wachstum weitaus am stärksten, bei der Pflanze der Neurotikerin lag es zu Grads Überraschung immer noch über dem der Kontrollpflanzen, während die Pflanzen des Psychotikers am langsamsten gediehen.

Aufgrund seiner Beobachtungen der Testpersonen bei der Übergabe der Flaschen kam Grad zu dem Schluss, dass nicht der in der Diagnose festgestellte allgemeine Gemütszustand entscheidend ist, sondern die zum Zeitpunkt der Übergabe vorherrschende Stimmung. Der Psychotiker hatte sich damals indifferent verhalten, während die Neurotikerin Interesse und liebevolle Zuwendung gezeigt hatte. In einem Bericht an die American Society for Psychical Research schrieb Grad, dass er den Eindruck gewonnen habe, dass sich ein negativer Gemütszustand während des Haltens der Flüssigkeit als hemmend für das Zellwachstum jener Pflanzen, die mit der Lösung bewässert wurden, erwies.

Die ganze Thematik der Radionik und die Frage, welche Rolle dabei das menschliche Denken spielt – ob und wie es mit den Radionikgeräten in einer gegenseitigen Wechselbeziehung funktioniert –, bilden ein Grenzgebiet der Physik und der Metaphysik, sie umfassen ein Niemandsland, das zwischen den beiden liegt.

Galen Hieronymus sagte zu den Autoren: »Handelt es sich dabei um eine grundlegende Kraft und Funktion auf dem Gebiet der medialen Phänomene? Wir wissen, dass gute Medien, wie Frances Farelly, ohne die Hilfe eines Apparats hervorragende Ergebnisse erzielen können; anderen Menschen scheinen die radionischen Geräte eine Hilfe zu sein, sogar wenn sie, wie die De la Warrs, gut entwickelte mediale Kräfte besitzen.«

Es sind doch offenbar zweierlei Dinge, ob jemand, der medial begabt ist und weiß, welchen Effekt das radionische Gerät haben soll, Erfolge erzielt, weil er *glaubt*, dass das Gerät wirksam ist – auch wenn es sich nur um eine leere Zigarrenkiste mit einer Skala und einer Wählscheibe handelt –, oder ob jemand mit einem radionischen Gerät Erfolge erzielt, obwohl er keine Ahnung hat, wie dieses Gerät arbeitet und welche Auswirkungen zu erwarten sind. Es hat den Anschein, als ob die Gedanken, die sich auf einen Gegenstand richten, an diesem haften bleiben und von ihm wieder abgestrahlt werden können.

Dass Materie eine – in diesem Fall heimtückische – Energie aufnehmen und über lange Zeiträume, vielleicht Jahrtausende, hinweg bewahren kann, zeigte sich bei Versuchen mit eigenartigen Figuren aus Lehm, Stein und Knochen, die in Acámbaro im mexikanischen Staat Guanajuato gefunden worden sind. Diese Figurinen ließen sich keiner bekannten mexikanischen Kulturstufe zuordnen. Aber als man einige der am grässlichsten aussehenden in die Käfige von Mäusen legte, wurden bei einigen Mäusen die Schwänze schwarz und fielen ab, andere Tiere starben nach einer Nacht mit einer solchen Figur im Käfig.

Professor William A. Tiller versucht in seinem Buch *Radionics, Radiesthesia and Physics* zu erklären, wie solche – negativen oder positiven – Strahlungen wirksam werden. »Die Grundidee der Radionik besteht darin, dass jedes Individuum, jeder Organismus oder jedes Material Energie ausstrahlt oder aufnimmt durch ein einzigartiges Wellenfeld, das bestimmte Feld-, Frequenz- und Strahlungscharakteristiken aufweist. Es handelt sich dabei um ein ausgedehntes Kraftfeld, das alle Dinge umgibt, belebte wie unbelebte. Einen brauchbaren Vergleich bietet das physikalische Bild des Atoms. Es strahlt dauernd, aufgrund seiner oszillierenden elektrischen Bipol-Bewegung und der Wärmebewegung, elektromagnetische Energie in Form von Wellen aus. Je komplexer die Substanz, um so komplexer auch die Wellenform. Lebewesen wie der Mensch strahlen ein äußerst komplexes Wellenspektrum aus, dessen Komponenten mit einzelnen Körperorganen und -systemen in Beziehung stehen.«

Tiller ist der Meinung, dass die täglich sich neu bildenden Millionen von Zellen in Gegenwart von radionisch polarisierten Feldern die Tendenz haben, in einer gesünderen Anordnung zu wachsen, wodurch das ursprüngliche Kraftfeld von abnormer oder kranker Struktur allmählich abgeschwächt wird. Fortgesetzte Behandlung bildet die gesunde Struktur weiter aus, und die Krankheit wird geheilt.

Die vielen verschiedenen Energiemuster, die einander durchdringen und sich gegenseitig beeinflussen, können durch unsere Emotionen und Gedanken, durch unsere »Seele« gerichtet, verstärkt, abgelenkt oder sonst wie verändert werden. Connie Best drückt in einem ihrer Artikel die Konsequenzen aus, die die Anerkennung dieser Phänomene vonseiten der Wissenschaft nach sich ziehen würde: »In welchem Maß wird sich die Physik verändern müssen, wenn sie gezwungen wird, die so genannten paranormalen Kräfte des Geistes anzuerkennen? Wenn die Ablesungen auf den Messgeräten im Labor die Wünsche der Assistenten widerspiegeln, wenn die Anwesenheit eines Experimentators genügt, um subatomare Teilchen aus der Fassung zu bringen, worauf können wir uns dann noch verlassen?«

Und der in Serbien geborene amerikanische geniale Erfinder Nikola Tesla stellte vor seinem Tode fest: »An dem Tage, an dem die Wissenschaft beginnen wird, nichtphysikalische Erscheinungen zu untersuchen, wird sie in einem Jahrzehnt größere Fortschritte machen, als in all den vorhergehenden Jahrhunderten ihres Bestehens.«

Stehen wir am Beginn dieser Dekade?

Dank

Die Autoren möchten all denen danken, die zur Entstehung dieses Buches, das ausgedehnte Recherchen in Westeuropa, in der Sowjetunion und in den USA erforderte, beigetragen haben:

Legare H. B. Obear, Leiter der Loan Division der US Library of Congress, und seinen Assistenten sowie allen übrigen Mitarbeitern der US Library of Congress;

Dudley B. Ball, Roland C. Maheux, William Sartain, Lloyd A. Pauls und *Benjamin Swinson* von der Stack and Reader Division; *Robert V. Allen* von der Slavic and Central European Division; *Dolores Moyano Martin* von der Latin American Division; *Linda L. Allen* von der National Agricultural Library, Beltsville, Maryland.

Unser besonderer Dank gilt zwei russischen Wissenschaftlern, dem bekannten Biophysiker Dr. Viktor Adamenko und *Professor Sinikow*, Studiendirektor der Timirjasew Akademie für Agrikultur, sowie *M. Rotislaw Donn*, Handelsattaché der Französischen Botschaft in Moskau.

Bibliographie

Abrams, Albert, *New Concepts in Diagnosis and Treatment*, San Francisco 1916.

–, *Iconography: Electronic Reactions of Abrams*, San Francisco 1923.

Adam, Michel, *La Vie et les Ondes. L'Œuvre de Georges Lakhovsky*, Paris 1936.

Adams, George, und Whicher, Olive, *The Living Plant and the Science of Physical and Ethereal Spaces*, Clent, Worcestershire, 1949.

Albus, Harry, *The Peanut Man*, Grand Rapids, Michigan, 1948.

Albrecht, William A., *Soil Fertility and Animal Health*, Webster City, Iowa, 1958.

–, *Soil Reaction (pH) and Balanced Plant Nutrition*, Columbia, Missouri, 1967.

Alder, Vera Stanley, *The Secret of the Atomic Age*, London 1958–1972.

Aldini, Giovanni, *Orazione di Luigi Galvani*, Bologna 1888.

Allen, Charles L., *The Sexual Relations of Plants*, New York 1886.

Andrews, Donald H., *The Symphony of Life*, Lee's Summit, Missouri, 1967.

Applewhite, P. B., »Behavioral Plasticity in the Sensitive Plant Mimosa«, in *Behavioral Biology*, Bd. 7, Febr. 1972, S. 47–53.

Arditti, Joseph, und Dunn, Arnold, *Experimental Plant Physiology: Experiments in Cellular and Plant Physiology*, New York 1969.

Audus, L. J., »Magnetotropism: A New Plant Growth Response«, in *Nature*, Jan. 1960.

Bach, Edward, *Heal Thyself*, Ashingdon, Rochford, Essex, 1931.

–, *The Twelve Healers and other Remedies*, Ashingdon, Rochford, Essex, 1933.

Backster, Cleve, »Evidence of a Primary Perception in Plant Life«, in *International Journal of Parapsychology*, Bd. 10. Nr. 4, Winter 1968, S. 329–348.

–, »Evidence of a Primary Perception at Cellular Level in Plant and Animal Life«, unveröffentlicht, Backster Research Foundation 1973.

Bacon, Thorn, »The Man who Reads Nature's Secret Signals«, in *National Wildlife*, Bd. 7, Nr. 2, Febr. / März 1969, S. 4–8.

Bagnall, Oscar, *The Origin and Properties of the Human Aura*, New York 1970.

Baitulin, I. O., Injuschin, V. M., und Scheglow, U. V., »Probleme der Elektro-Biolumineszenz bei der Wurzelentwicklung«, in *Bioenergetische Fragen – und einige Antworten*, Alma Ata 1968 (auf Russisch).

Balfour, Lady Eve B., *The Living Soil*, London 1943.

Balzer, Georg, *Goethe als Gartenfreund*, München 1966.

Barnothy, Madeleine F. (Hrsg.), *Biological Effects of Magnetic Fields*, New York 1964.

Barr, Sir James (Hrsg.), *Abram's Methods of Diagnosis and Treatment*, London 1925.

Basu, S. N., *Jagadis Chandra Bose*, Neu-Delhi 1970.

Beaty, John Yocum, *Luther Burbank, Plant Magician*, New York 1943.

Bentley, Linna, *Plants that Eat Animals*, London 1967.

Bertholon, M. l'Abbé, *De l'Electricité des Végétaux*, Paris 1783.

–, *Die Elektrizität aus medizinischen Gesichtspunkten betrachtet*, Jena 1781.

Bertrand, Didier, *Recherches sur le Vanadium dans les Sols et dans les Plantes*, Paris 1941.

Best, Connie, »The Man who Bends Science«, in … *And it is Divine*, Denver, Colorado, Mai 1973.

Bhattacharya, Benoytash, *Magnet Dowsing or The Magnet Study of Life*, Kalkutta 1967.

»Billions of Transmitter Inside Us? An Unknown Bio-information Channel has been Discovered: Using this ›Wireless Telegraph‹, the

Cells oft he Organism Transmit Danger Signals«, in *Sputnik*, Mai 1973, S. 126–130.

Bird, Christopher, »Dowsing in the USSR«, in *The American Dowser*, Aug. 1972.

–, »Dowsing in the USA: History, Achievement, and Current Research«, in *The American Dowser*, Aug. 1973.

Boadella, David, *Wilhelm Reich: The Evolution of his Work*, London 1972.

Bock, Hieronymus, *Teutsche Speiszkammer*, Straßburg 1550.

Bontemps, Arna, *The Story of George Washington Carver*, New York 1954.

Bose, D. M., »J. C. Bose's Plant Physiological Investigation Relating to Modern Biological Knowledge«, in *Transactions of the Bose Research Institute*, Bd. 37, Kalkutta 1947/48.

Bose, Jagadis Chunder (oder Chandra), *Die Physiologie des Saftsteigens*, Jena 1925.

–, *Die Pflanzenschrift und ihre Offenbarungen*, Zürich / Leipzig 1928.

–, »Live Movements in Plants«, in *Transactions of the Bose Research Institute*, Bd. 1–6, New York 1918–1931.

–, *Response in the Living and Non-Living*, New York / Kalkutta / Boston 1902.

–, *Plant Response as a Means of Physiological Investigation*, New York / London / Bombay 1906.

–, *Researches in Irritability of Plants*, New York 1913.

–, *The Physiology of Photosynthesis*, New York / London 1924.

–, *The Nervous Mechanism of Plants*, New York / London / Toronto / Bombay / Kalkutta / Madras 1926.

–, *The Motor Mechanisms of Plants*, New York / London / Toronto 1928.

–, *Growth and Tropic Movements of Plants*, New York 1929.

–, »Awareness in Plants«, in *Consciousness and Reality: The Human Pivot*, hrsg. von Charles Muss und Arthur M. Young, New York 1972, S. 142–150.

Boulton, Brett, »Do Plants Think?«, in *The Ladys' Home Journal*, Mai 1971.

Bragdon, Lillian J., *Luther Burbank, Nature's Helper*, New York 1959.

Brier, Robert M., »PK an a Bio-electrical System«, in *Journal of Parapsychology*, Bd. 33, Nr. 3, Sept. 1969, S. 187–205.

Brown, Beth, ESP *with Plants and Animals: A Collection of True Storys that Glow with the Power of Extrasensory Perception*, New York 1971.

Brown, Jr., Frank A., »The Rhythmic Nature of Animals and Plants«, in *American Scientist*, Bd. 47, Juni 1959, S. 147.

Brunor, Nicola, *La medicina e la Teoria Elettronica della Materia*, Mailand 1927.

Budlong, Ware T., *Performing Plants*, New York 1969.

Burbank, Luther, *Die Zucht der Menschenpflanze*, Leipzig 1926.

–, *How Plants are Trained to Work for Man*, New York 1921.

–, *My Beliefs*, New York 1927.

–, und Hall, Wilbur, *Lebensernte*, Stuttgart / Berlin / Leipzig 1929.

Burr, Harold Saxton, *Blueprint for Immortality: The Electric Patterns of Life*, London 1972.

Camerarius, Rudolf Jakob, *Über das Geschlecht der Pflanzen*, Leipzig 1899.

Carson, Rachel, *Der stumme Frühling*, München 1962.

Clark, Laurence, *Coming to Terms with Rudolf Steiner*, Rickmansworth 1971.

Cocannouer, Joseph A., *Weeds: Guardians of the Soil*, New York 1964.

Commoner, Barry, *Wachstumswahn und Umweltkrise*, München 1971.

Conrad-Martius, Hedwig, *Die »Seele« der Pflanze*, Breslau 1934.

Cremore, John Davenport, *Mental Telepathy*, New York 1956.

Crile, George Washington, *The Bipolar Theory of Living Processes*, New York 1926.

–, *The Phenomena of Life: A Radio-Electrical Interpretation*, New York 1936.

Crow, W. B., *The Occult Properties of Herbs*, London 1969.

Culpeper, Nicholas, *Culpeper's English Physician and Complete Herbal Remedies*, North Hollywood, Kalif., 1972.

Darwin, Charles R., *Insectenfressende Pflanzen*, Stuttgart 1876.

–, *Kletternde Pflanzen*, Stuttgart 1876.

–, *Die Wirkungen der Kreuz- und Selbstbefruchtung im Pflanzenreich*, Stuttgart 1877.

–, *Das Variieren der Thiere und Pflanzen im Zustande der Domestikation*, Stuttgart 1878.

–, *Das Bewegungsvermögen der Pflanzen*, Stuttgart [2]1899.

Davis, Albert Roy, und Bhattacharya, A. K., *Magnet and Magnetic Fields*, Kalkutta 1970.

Day, G. W. Langston, und De la Warr, George, *Matter in the Making*, London 1966.

–, *New Worlds beyond the Atom*, London 1956.

De Beer, Sir Gavin, *Charles Darwin: Evolution by Natural Selection*, Garden City, New York 1967.

De la Warr, George, »Do Plants Feel Emotion?«, in *Electrotechnology*, April 1969.

–, »Seeds Respond to Sound of Music«, in *News Letter*, Frühjahr 1969, S. 6–7.

–, und Baker, Douglas, *Biomagnetism*, Oxford 1967.

De la Warr, Marjorie, »Thought Transference to Plants«, in *News Letter*, Sommer 1970, S. 1–72.

–, »Plant Experiments – Series 2«, in *News Letter*, Herbst 1969, S. 3–11.

Dibner, Bern, *Alessandro Volta and the Electric Battery*, New York 1964.

–, *Galvani-Volta. A Controversy that Led to the Discovery of Useful Electricity*, Norwalk, Conn., 1952.

–, *Dr. William Gilbert*, New York 1947.

Dixon, Royal, *The Human Side of Plants*, New York 1914.

–, und Brayton, Eddy, *Personality of Insects*, New York 1924.

Dixon, Royal, und Fitch, Franklyn E., *Personality of Plants*, New York 1923.

Dodge, Bertha, *Pflanzen, die die Welt veränderten*, Wiesbaden 1963.

»Do Plants Feel Emotion?«, in *Ahead of Time*, hrsg. von Harry Harrison und Theodore J. Gordon, Garden City, New York 1972, S. 106–116.

»Do Plants Have Feelings? Researcher is Communicating«, in *Carlisle County News*, März 1973.

Dowden, Anne Ophelia, *The Secret Life of the Flowers*, New York 1964.

Drown, Ruth Beymer, *The Theory and Technique of the Drown H. V. R. and Radiovision Instruments*, Privatdruck, Los Angeles 1939.

–, *The Science and Philosophy of the Drown Radio Therapy*, Los Angeles 1938.

Duhamel DuMonceau, Henri Louis, *La Physique des Arbres*, Paris 1758.

Du Plessis, Jean, *The Electronic Reactions of Abrams*, Chicago 1922.

Du Puy, William A., *Wonders of the Plant World*, Boston 1931.

Ellicott, John, *Several Essays towards Discovering the Laws of Electricity*, London 1748.

Elliott, Lawrence, *George Washington Carver: The Man who Overcame*, Englewood Cliffs, New York, 1966.

Emrich, Hella, *Strahlende Gesundheit durch Bio-Elektrizität*, München 1968.

Esall, Katterine, *Plants, Viruses and Insects*, Cambridge 1961.

»ESP: *More Science, less Mysticism*«, in *Medical World News*, Bd. 10, Nr. 12, 21. März 1969, S. 20–21.

Fairchild, David, The World was my Garden, New York / London 1938.

Faivre, Ernest, Œuvres Scientifiques de Goethe, Paris 1862.

Farb, Peter, Living Earth, New York 1959.

Farrington, Benjamin, What Darwin really Said, New York 1966.

Faulkner, Edward H., Plowman's Folly, New York 1943.

Fechner, Gustav Theodor, Nanna oder über das Seelenleben der Pflanzen, Leipzig 1922.

–, *Zend-Avesta oder über die Dinge des Himmels und des Jenseits. Vom Standpunkt der Naturbetrachtung*, 2 Bde., Leipzig 1919/20.

–, *In Sachen der Psychophysik*, Leipzig 1877.

–, *Das Büchlein vom Leben nach dem Tode*, Diessen 1950.

Fenson, D. S., »The Bio-electric Potentials of Plants and their Functional Significance, I: An Electrokinetic Theory of Transport«, in *Canadian Journal of Botany*, Bd. 35,1957, S. 573–582.

–, »The bio-electric Potentials of Plants and their Functional Significance, II: The Patterns of Bio-electric Potential and Exudation Rate in Excised Sunflower Roots and Sterns«, in *Canadian Journal of Botany*, Bd. 36,1958, S. 367–383.
–, »The Bio-electric Potentials of Plants and their Functional Significance, III: The Production of Continuous Potentials across Membranes in Plant Tissue by the Circulation of the Hydrogen Ion«, in *Canadian Journal of Botany*, Bd. 37,1959, S. 1003–1026.
–, »The Bio-electric Potentials of Plants and their Functional Significance, IV: Some Daily and Seasonal Changes in the Electric Potential and Resistance of Living Trees«, in *Canadian Journal of Botany*, Bd. 41, 1963, S. 831–851.
Foster, Catherine Osgood, The Organic Gardener, New York 1972.
Francé, Raoul Heinrich, Pflanzenpsychologie als Arbeitshypothese der Pflanzenphysiologie, Stuttgart 1909.
–, *Das Sinnesleben der Pflanzen*, Stuttgart 1905.
–, *Das Liebesleben der Pflanzen*, Stuttgart 1906.
–, *Die technischen Leistungen der Pflanzen*, Leipzig 1919.
–, *Die Pflanze als Erfinder*, Stuttgart 1920.
–, *Die Seele der Pflanze*, Berlin 1924.
–, *Lebenswunder der Pflanzenwelt*, Berlin 1941.
Freedland, N., The Occult Explosion, New York 1972.
Friend, Rev. Hilderic, Flowers and Flower Lore, 2 Bde., London 1886.
Fryer, Lee, und Simmons, Dick, Earth Food, Chicago 1972.
Galaxies of Life: The Human Aura in Acupuncture and Kirlian Photography, hrsg. von Stanley Krippner und Daniel Rubin, New York 1973.
Gallert, Mark L., New Light on Therapeutic Energies, London 1966.
Galvani, Luigi, Commentary on the Effect of Electricity on Muscular Motion, Cambridge, Mass., 1953.
–, *Opere Scelte*, Turin 1967.
Geddes, Patrick, The Life and Work of Sir Jagadis C. Bose, London 1920.
Gilbert, William, De Magnete, New York 1958.

Goethe, Johann Wolfgang von, Artemis Gedenkausgabe der Werke, Briefe und Gespräche, Zürich 1952, Bd. 11 und 17.

Goodavage, Joseph F., Astrology, The Space-Age Science, West Nyack, New York, 1966.

Grad, Bernard, »A Telekinetic Effect on Plant Growth«, in International Journal of Parapsychology, Bd. 5, Nr. 2, 1963, S. 117–133.

–, »A Telekinetic Effect on Plant Growth, II: Experiments Involving Treatment of Saline in Stoppered Bottles«, in *International Journal of Parapsychology,* Bd. 6, Nr. 4, 1964, S. 473–498.

–, »Some Biological Effects of the ›Laying on of Hands‹: A Review of Experiments with Animals and Plants«, in *Journal of the American Society for Psychical Research,* Bd. 59, Nr. 2, 1965, S. 95–127.

Graham, Shirley, und Lipscomb, George, Dr. George Washington Carver. Ein Lebensbild, Berlin 1952.

Grayson, Stuart H., und Swift, Sara, »Do Plants have Feelings? Cleve Backster's Remarkable Experiments Suggest heretofore Unknown Levels of Consciousness in Living Things«, in Dynamics, Bd. 1, Nr. 6/7, Nov. / Dez. 1971, S. 1–8.

Grohmann, Gerbert, Die Pflanze als Lichtsinnesorgan der Erde und andere Aufsätze, Stuttgart 1962.

Guilcher, Jean Michel, La Vie Cachée des Fleurs, Paris 1951.

Gumpert, Martin, Hahnemann. Die abenteuerlichen Schicksale eines ärztlichen Rebellen und seiner Lehre, der Homöopathie, Konstanz 1949.

Gunar, Iwan I., und andere, »On the Transmission of Electrical Stimulation in Plants«, in Iswestija der Timirjasew Akademie für Agrikultur, UdSSR, Nr. 5, 1970, S. 3–9 (Russisch, mit einer englischen Zusammenfassung).

–, »The Evaluation of Frost and Heat Resistance of Plants through their Bioelectric Reactions«, in *Iswestija* der Timirjasew Akademie für Agrikultur, UdSSR, Nr. 5, 1971, S. 3–7 (Russisch, mit einer englischen Zusammenfassung).

–, »Bioelectric Potentials of Potato Tubers in Varying Phytopathological States«, in *Iswestija* der Timirjasew Akademie für Agrikultur,

UdSSR, Nr. 6, 1971, S. 212–213 (Russisch, mit einer englischen Zusammenfassung).
–, »The Influence of Thermic Factors on the Dormancy Potentials of the Root Epidermal Cells of Winter Wheat«, in *Iswestija* der Timirjasew Akademie für Agrikultur, UdSSR, Nr. 2, 1972, S. 12–19 (Russisch, mit einer englischen Zusammenfassung).
Gupta, Monoranjon, Jagadis Chandra Bose. A Biography, Bombay 1964.
Gurwitsch, Alexander G., Die mitogenetische Strahlung. Ihre physikalisch-chemischen Grundlagen und ihre Anwendung in Biologie und Medizin, Jena 1959.
–, *Die histologischen Grundlagen der Biologie*, Jena 1930.
–, *Morphologie und Biologie der Zelle*, Jena 1904.
–, *Das Problem der Zellteilung*, 2 Bde., Berlin 1926/36.
–, *Mitogenetic Analysis of the Excitation of the Nervous System*, Amsterdam 1937.
Haase, Rudolf, Hans Kayser. Ein Leben für die Harmonik der Welt, Basel 1968.
Hahn, Fritz, Luftelektrizität gegen Bakterien für gesundes Raumklima und Wohlbefinden, Minden 1964.
Hahnemann, Samuel, Organon der Heilkunst, Coethen [6]1865.
Halacy, Jr., Daniel S., Radiation, Magnetism and Living Things, New York 1966.
Hall, Manly Palmer, The Mystical and Medical Philosophy of Paracelsus, Los Angeles 1969.
Hapgood, Charles H., Reports from Acámbaro, Unveröffentlichtes Manuskript.
Harvalik, Z. V., »A Biophysical Magnetometer-Gradiometer«, in The Virginia Journal of Science, Bd. 21, Nr. 2, 1970, S. 59–60.
Hauschka, Rudolf, Heilmittellehre. Ein Beitrag zu einer zeitgemäßen Heilmittelerkenntnis, Frankfurt a. M. 1965.
–, *Substanzlehre*, Frankfurt a. M. 1942.
Henslow, George, The Origin of Floral Structure through Insects and other Agencies, New York 1888.

Herzeele, Albrecht von, Der Ursprung anorganischer Substanzen, o.O. 1873.

Hieronymus, Louise und Galen, Tracking the Astronauts in Apollo »11« with Data from Apollo »8« Included. A Quantitative Evaluation of the Well-being of the three Men through the Period from two Days before Liftoff until the Quarantine Ended – A Consolidated Report, Privatdruck, 4. September 1969.

Hieronymus, Galen, Tracking the Astronauts in Apollo »8«. A Quantitative Evaluation of the Well-being of the three Men through the Period from two Days before Liftoff until two Days after Splashdown – A Preliminary Report, Privatdruck, 30. Dezember 1968.

–, *The Truth about Radionics and some of the Criticism made about it by its Enemies*, Springfield, Mo., Mai 1947.

Hill, Harvey Jay, He Heard God's Whisper, Minneapolis 1943.

Howard, Sir Albert, The Soil and Health, New York 1972.

–, *The War in the Soil*, Emmaus, Pa., 1946. *Howard, Walter L., Luther Burbank: A Victim of Hero Worship*, Waltham, Mass., 1945.

–, *Luther Burbank's Plant Contributions*, Berkeley, Kalif., 1945.

Hudgings, William F., Dr. Abrams and the Electron Theory, New York 1923.

Hunt, Inez, und Draper, Wanetta W., Lightning in his Hand – The Life Story of Nikola Tesla, Denver 1964.

Hutchins, Ross E., Strange Plants and their Ways, New York 1858.

Hyde, Margaret O., Plants Today and Tomorrow, New York 1960.

Inglis, Brian, The Case for Unorthodox Medicine, New York 1969.

Innes, G. Lake, I Knew Carver, Privatdruck 1943.

Injuschin, Wladimir M., und Fedorowa, N. N., »Ober das biologische Plasma grüner Pflanzen«, Alma Ata 1969 (Russisch).

Jenness, Mary, The Man who Asked God Questions, New York 1946.

Jimarajadasa, Curuppmullagé, Flowers and Gardens (A Dream Structure), Madras 1913.

Joachim, Leland, »Plants – The Key to Mental Telepathy«, in Probe, the unluiown, Nr. 47329, Dez. 1972, S. 48–52.

Karagulla, Shafica, Breakthrough to Creating, Los Angeles 1967.

Karlsson, L., »Instrumentation for Measuring Bioelectrical Signals in Plants«, in The Review of Scientific Instruments, Bd. 43, Nr. 3, März 1972, S. 458–464.

Kayser, Hans, Die Harmonie der Welt, Wien 1968.

–, *Harmonia Plantarum,* Basel 1943.

–, *Vom Klang der Welt,* Zürich / Leipzig 1937.

Kervran, C. Louis, Biological Transmutations, London 1972.

–, *A la Découverte des Transmutations Biologiques. Une Explication des Phénomènes Biologiques Aberrants,* Paris 1966.

–, *Preuves Relatives à l'Existence de Transmutations Biologiques. Echecs en Biologie à la Loi de Lavoisi er d'Invariance de la Matière,* Paris i968.

–, *Transmutations Biologiques. Metabolismes Aberrants de l'Azote, le Potassium et le Magnésium,* Paris 1962.

–, *Les Transmutations Biologiques en Agronomie,* Paris 1970.

–, »Alchimie d'hier et d'aujourd'hui«, in *L'Alchimie, Rêve ou Realité,* Rouen 1972/73.

Kilner, Walter, J., The Human Atmosphere or the Aura made Visible by the Aid of Chemical Screens, New York 1911.

King, Francis, The Rites of Modern Occult, Magic, New York 1970.

Kirlian, Semjon D. und Valentina H., »Investigation of Biological Objects in High-Frequency Electrical Field«, in Bioenergetic Questions – and some Answers, Alma Ata 1968.

–, »The Significance of Electricity in the Gaseous Nourishment Mechanism of Plants«, in *Bioenergetic Questions – and some Answers,* Alma Ata 1968.

Kraft, Ken und Pat, Luther Burbank: The Wizard and the Man, New York 1967.

Kreitler, Hans und Shulamith, »Does Extrasensory Perception Affect Psychological Experiments?«, in Journal of Parapsychology, Bd. 36, Nr. 1, März 1972, S. 1–45.

Kunz, F. L., »Feeling in Plants«, in Main Currents of Modern Thought, Mai / Juni 1969.

Lachowskij, Georges, La Cabale. Histoire d'une Découverte (L'Oscillation Cellulaire), Paris 1934.
–, *La Formation Néoplasique et le Déséquilibre Oscillatoire Cellulaire*, Paris 1932.
–, *La Matière*, Paris 1934.
–, *La Nature et ses Merveilles*, Paris 1936.
–, *L'Origine de la Vie*, Paris 1925.
–, *L'Oscillateur à Longeurs d'Onde Multiples*, Paris 1934.
–, *L'Oscillation Cellulaire. Ensemble des Recherches Experimentales*, Paris 1931.
–, *La Science et le Bonheur*, Paris 1930.
–, *La Terre et nous*, Paris 1933.
Lawrence, L. George, »*Biophysical* AV Data Transfer«, in AV *Communication Review*, Bd. 15, Nr. 2, Sommer 1967, S. 143–152.
–, »Interstellar Communications Signals«, in *Information Bulletin* Nr. 72/6, San Bernardino, Kalif., Ecola Institute.
–, »Interstellar Communications: What are the Prospects?«, in *Electronics World*, Okt. 1971, S. 34 ff.
–, »Electronics and the Living Plant«, in *Electronics World*, Okt. 1969, S. 25–28.
–, »Electronics and Parapsychology«, in *Electronics World*, April 1970, S. 27–29.
–, »More Experiments in Electroculture«, in *Popular Electronics*, Juni 1971, S. 63–68.
–, »Experimental Electro-Culture«, in *Popular Electronics*, Febr. 1971.
Leadbeater, C. W., The Monad, Madras 1947.
Lehrs, Ernst, Mensch und Materie. Ein Weg zu geistbejahender Naturerkenntnis durch Entwicklung von Beobachtung und Denken nach der Methode Goethes, Frankfurt a. M. 1953.
Lemström, Selim, Elektrokultur. Erhöhung der Ernte-Erträge aller Kultur-Pflanzen durch elektrische Behandlung, Berlin 1902.
–, *Electricity in Agriculture and Horticulture*, London 1904.
Lepinte, Christian, Goethe et l'Occultisme, Paris 1957.
Lewis, Joseph, Burbank the Infidel, New York 1930.

Linné, Carl von, Vorlesungen über die Cultur der Pflanzen, Uppsala 1907.

–, *Flower Calendar,* Stockholm 1963.

–, *Reflections on the Study of Nature,* Dublin 1784.

Loehr, Rev. Franklin, The Power of Prayer on Plants, New York 1969.

Luce, G. G., Biological Rhythms in Psychiatry and Medicine, US Public Health Service Pub. Nr. 2088, 1970.

Lund, E. J., Bioelectric Fields and Growth, Austin 1947.

Mackay, R. S., Bio-Medical Telemetry, New York 1970.

Magnus, Rudolf, Goethe als Naturforscher, Leipzig 1906.

Manber, David, Wizard of Tuskegee, New York 1967.

Mann, W. Edward, Orgone, Reich and Eros, New York 1973.

Marha, Karel, Musil, Jan, und Tuhá, Hana, Electromagnetic Fields and the Life Environment, San Francisco 1971.

Marine, Gene, und Van Allen, Judith, Food Pollution: The Violation of our Inner Ecology, New York 1972.

Markson, Ralph, »Tree Potentials and External Factors«, in Blueprint for Immortality: The Electric Patterns of Life von H. S. Burr, London 1972, S. 166–184.

Martin, Richard, »Be Kind to Plants – Or you could Cause a Violet to Shrink«, in The Wall Street Journal, 28. Jan. 1972.

Matwejew, M., »Unterhaltung mit Pflanzen«, in Nedelja, Wochenendbeilage der *Iswestija,* Nr. 17, 17. April 1972 (Russisch).

McCarrison, Sir Robert, Nutrition and National Health, London 1944.

McGraw, Walter, »Plants are only Human«, in Argosy, Juni 1969, S. 24–27.

Merkulow, A., »Sinnesorgane im Pflanzenreich«, in Nauka i Religija, Nr. 7, 1972, S. 36–37 (Russisch).

Mermet, Abbé, Principles and Practice of Radiesthesia, New York 1935/1959.

–, *Der Pendel als wissenschaftliches Instrument,* Colmar 1938.

Mesmer, Franz Anton, Allgemeine Erläuterungen über den Magnetismus und den Somnambulismus, Halle / Berlin 1812.

Mességué, Maurice, Von Menschen und Pflanzen, Wien / München 1972.

–, *Die Natur hat immer recht,* Wien / München 1973.

–, *Cherches et tu Trouveras,* Paris 1953.

Meyer, Warren, »Man-and-Plant Communication: Interview with Marcel Vogel«, in Unity, Bd. 153, Nr. 1, Jan. 1973, S. 9–12.

Miller, Robert N., »The Positive Effect of Prayer on Plants«, in Psychic, Bd. 3, Nr. 5, März / April 1972, S. 24–25.

Milne, Lorus, Das Gleichgewicht in der Natur, Hamburg / Berlin 1965.

–, *Die Welt der Pflanzen,* München / Zürich 1970.

Milne, Lorus und Margery, The Nature of Plants, Philadelphia 1971.

Mitchell, Henry, »Spread a Little Sunshine and Love and Reap Sanity from Plants that Really Care«, in The Washington Post, 1. Juli 1973.

Morgan, Alfred P., The Pageant Electricity, New York 1939.

Murr, L. E., »Pysiological Stimulation of Plants Using Delayed and Regulated Electric Field Environments«, in International Journal of Biometeorology, Bd. 10, Nr. 2, S. 147–153.

–, »Mechanism of Plant-Cell Damage in an Electrostatic Field«, in *Nature,* Bd. 201, Nr. 4926, 28. März 1964.

Naumow, E. K., und Wilenskaja, L. V., Soviet Bibliography on Parapsychology (Psychoenergetics) and Related Subjects, Moskau 1971. Ins Amerikanische übertragen von Joint Publications Research Service, JPRS Nr. 55 557, Washington, D. C., Mai 1972, 101 Seiten.

Nichols, J. D., Please Doctor, do something!, Atlanta, Texas, 1972.

Nollet, M. l'Abbé, Recherches sur les Causes Particulières des Phénomènes Electriques, Paris 1754.

–, *Lettres sur l'Electricité,* Paris 1753.

Norman, A. G., »The Uniqueness of Plants«, in American Scientist, Bd. 50, Nr. 3, Herbst 1962, S. 436.

Northern, Henry und Rebecca, Ingenious Kingdom, Englewood Cliffs, New York, 1970.

Obolensky, George, »Stimulation of Plant Growth by Ultrasonic Waves«, in Radio-Electronics, Juli 1953.

O'Donnell, John P., »Thought as Energy«, in Science of Mind, Juli 1973, S. 18–24.

Osborn, Henry Fairfield, Unsere ausgeplünderte Erde, Zürich 1950.

–, *Ursprung und Entwicklung des Lebens auf Grund einer Theorie von der Wirkung, Gegenwirkung und Zwischenwirkung der Energie darstellt,* Stuttgart 1930.

Ostrander, Sheila, und Schroeder, Lynn, Psi, Bern / München / Wien [9]1973.

Ott, John N., My Ivory Cellar – The Story of Time-Lapse Photography, Privatdruck 1958.

–, *Health and Light – The Effects of Natural and Artificial Light on Man and other Living Things,* Old Greenwich, Conn., 1973.

Paracelsus, Sämtliche Werke von Theophrast von Hohenheim gen. Paracelsus, 20 Bde., München 1922/65.

Parasnis, D. S., Magnetism, London 1961.

Parker, Dana C., und Wolff, Michael F., »Remote Sensing«, in International Science and Technology, Juli 1965.

Payne, Alan, »Secret Life of Plants' Revealed by Biologist«, in Performance, Bd. 1, Nr. 41, 29. März 1973.

Pekin, L. B., Darwin, New York 1938.

Pelt, Jean-Marie, Evolution et Sexualité des Plantes, Paris 1970.

Pfeffer, Wilhelm, Pflanzenphysiologie, Leipzig 1881.

Pfeiffer, Ehrenfried, Kristalle, Stuttgart / Den Haag / London 1930.

–, *Die Fruchtbarkeit der Erde. Ihre Erhaltung und Erneuerung. Das biologisch-dynamische Prinzip in der Natur,* Basel 1938.

–, *Sensitive Crystalization Processes: A Demonstration of Formative Forces in the Blood,* Dresden 1936.

–, *The Compost Manufacturer's Manual,* Philadelphia 1956.

–, *The Earth's Face and Human Destiny,* Emmaus, Pa., 1947.

Philbrick, Helen, und Gregg, Richard, Companion Plants and how to Use them, Old Greenwich, Conn., 1966.

Philbrick, John und Helen, The Bug Book: Harmless Insect Controls, Privatdruck 1963.

Picton, Lionel James, Nutrition and the Soil: Thoughts on Feeding, New York 1949.

Pierrakos, John C., The Energy Field in Man and Nature, N.Y. 1971.

Pressman, A. S., Electromagnetic Fields and Life, New York / London 1970.

Priestley, Joseph, The History and Present State of Electricity with Original Experiments, London 1767.

Pringsheim, Peter, und Vogel, Marcel, Luminescence of Liquids and Solids and its Practical Application, New York 1943.

Puharich, Andrija, The Sacred Mushroom: Key to the Door of Eternity, Garden City, New York, 1959.

–, *Beyond Telepathy*, London 1962.

Pullen, Alice Muriel, Despite of the Colour Bar, London 1946

Rahn, Otto, *Invisible Radiations of Organisms*, Berlin 1936.

Ravitz, L. J., »Periodic Changes in Electromagnetic Fields«, in *Annals, New York Academy of Sciences*, Bd. 46, 1972, S. 22–30.

Regnault, Jules Emile, *Les Méthodes d'Abrams*, Paris 1927.

Reich, Wilhelm, *Die Entdeckung des Orgons*, Frankfurt a.M. 1972 (Fischer-Taschenbuch 6140).

Reichenbach, Karl L. F., Freiherr von, *Odisch-magnetische Briefe*, Stuttgart / Tübingen 1852.

–, *Die odische Lohe und einige Bewegungserscheinungen als neuentdeckte Formen des odischen Prinzips in der Natur*, Wien 1867.

–, *Die Pflanzenwelt und ihre Beziehungen zur Sensitivität und zum Ode*, Wien 1858.

–, *Physikalisch-physiologische Untersuchungen über die Dynamide des Magnetismus, der Elektrizität, der Wärme und des Lichtes, der Krystallisation, des Chemismus in ihren Beziehungen zur Lebenskraft*, 2 Bde., Braunschweig [2]1852.

–, *Wer ist sensitiv? Oder kurze Anleitung, sensitive Menschen mit Leichtigkeit zu finden*, Wien 1856.

–, *Der sensitive Mensch und sein Verhalten zum Ode*, Stuttgart / Tübingen 1854.

Retallack, Dorothy, *The Sound of Music and Plants*, Santa Monica, Kalif., 1973.

Richards, Guyon, *The Chain of Life*, London 1934.

Robbins, Janice und Charles, »Startling New Research from the Man who ›Talks‹ to Plants«, in *National Wildlife*, Bd. 9, Nr. 6, Okt. / Nov. 1971, S. 21–24.

Rocard, Yves, *Le Signal du Sourcier*, Paris 1963.

Rodale, J. I., *The Healthy Hunzas*, Emmaus, Pa., 1949.

Russell, Walter B., *The Russell Genero-Radiative Concept*, New York 1930.

–, *The Universal One*, New York 1926.

–, *The Secret of Light*, Privatdruck, New York 1947.

Sanderson, Iwan T., »The Backster Effect: Commentary«, in *Argosy*, Juni 1969, S. 26.

Scott, Bruce I. H., »Electricity in Plants«, in *Scientific American*, Okt. 1962, S. 107–115.

Scott, Cyril Meir, *Music, its Secret Influence throughout the Ages*, New York 1969.

Scott, G. Laughton, »The Abrams Treatment«, in *Practice, an Investigation*, London 1925.

Selsam, Millicent, *Plants that Move*, New York 1962.

–, *Plants that Heal*, New York 1959

Shaffer, Ron, »Your Plants may be Perspective«, in *The Washington Post*, 18. April 1972.

Sherrington, Sir Charles Scott, *Goethe on Nature and Science*, Cambridge 1942.

Simonéton, André, *Radiations des Aliments, Ondes Humaines, et Santé*, Paris 1971.

Singh, T. C. N., »On the Effect of Music and Dance on Plants«, in *Bihar Agricultural College Magazine*, Bd. 13, Nr. 1, India 1962/63.

Skutt, H. R., Shigo, A. L., und Lessard, R. A., »Detection of Discolored and Decayed Wood in Living Trees Using a Pulsed Electric Current«, in *Canadian Journal of Forest Research*, Bd. 2, 1972.

Solouchin, Wladimir, *Trava* (Gras), erschienen als Serie in *Nauka i Zhizn*, Nr. 9–12, 1972 (Russisch).

»Some Plants are ›Wired‹ for Growth: Electricity in the Garden«, in *The Washington Post*, 13. Febr. 1968, S. 34.

Spangler, David, *Revelation. The Birth of a New Age*, Findhorn 1971.

Spraggett, Allen, *Probing the Unexplained*, New York 1971.

Steiner Rudolf, *Ernährungsfragen. Über das Verhältnis der Nahrungsmittel zum Menschen*, Basel 1956.

–, *Welche Bedeutung hat die okkulte Entwicklung des Menschen für seine Hüllen und sein Selbst?*, Dornach 1935.

–, *Über das Zusammenwirken der sichtbaren Welt mit geistigen Wesenheiten*, Freiburg i. Br. 1952.

Stephenson, W. A., *Seaweed in Agriculture and Horticulture*, London 1968.

Sutherland, Halliday, *Control of Life*, London 1951.

Swanholm, A. L., *The Brunler-Bovis Biometer and its Uses*, Los Angeles 1963.

Sykes, Friend, *Food, Farming and the Future*, Emmaus, Pa., 1951.

–, *Humus and the Farmer*, London 1946.

Synge, Patrick, *Plants with Personality*, London 1939.

Taylor, J. E., *The Sagacity and Morality of Plants*, London 1884.

Thomas, Henry, *Georges Washington Carver*, New York 1958.

Thompson, Sylvanus, *Magnetism in Growth*, London 1902.

Tiller, William A., »On Devices for Monitoring Non-Physical Energies«, unveröffentlichter Artikel, 41 Seiten.

–, »Radionics, Radiesthesia and Physics«, in *Proceedings of the Academy of Parapsychology and Medicine. Symposium on the Varieties of Healing Experience*, 1971.

Tompkins, Peter, und Bird, Christopher, »Love among the Cabbages: Sense and Sensibility in the Realm of Plants«, in *Harper's Magazine*, Nov. 1972, S. 90–96.

Turner, Gordon, »I Treated Plants not Patients«, in *Two Worlds*, Bd. 92, Nr. 3907, Aug. 1969, S. 232–234.

Uphof, J. C., *Dictionary of Economic Plants*, Lehre [2]1968.

Voisin, André, *Boden und Pflanze. Schicksal für Mensch und Tier*, München / Wien 1959.

Volta, Alessandro, *Opere Scelta di Alessandro Volta*, Turin 1969.

Watson, Lyall, *Geheimes Wissen. Das Natürliche des Übernatürlichen*, Frankfurt am Main 1976.

Westlake, Aubrey T., *The Pattern of Health. A Search for a Greater Understanding of the Life Force in Health and Disease*, London 1961.

»What Noise does to Plants?«, in *Science Digest*, Dez. 1970, S. 61.

Wheeler, F. J., *The Bach Remedies Repertory*, Ashingdon, Essex, o. J.

Whicher, Olive, und Adams, George, *Die Pflanze in Raum und Gegenraum. Elemente einer neuen Morphologie*, Stuttgart 1960.

White, John W., »Plants, Polygraphs and Paraphysics«, in *Psychic*, Bd. 4, Nr. 2, Nov. / Dez. 1973.

Wickson, Edward, J., *Luther Burbank. Man, Methods and Achievement*, San Francisco, o. J.

Wrench, G. T., *The Wheel of Health*, New York 1972.

Yogananda, Paramahansa, *Autobiographie eines Yogi*, Weilheim / Obb. [7]1971.

Personen- und Sachregister